Die 11 Irrtümer über Event Management

Hendrik Wolber

Die 11 Irrtümer über Event Management

Was Sie über die Mechanismen der Live-Kommunikation und deren Umsetzung wissen sollten

Springer Gabler

Hendrik Wolber
sxces Communication AG
Hamburg, Deutschland

ISBN 978-3-8349-4245-6 ISBN 978-3-8349-4246-3 (eBook)
DOI 10.1007/978-3-8349-4246-3

Die Deutsche Nationalbibliothek verzeichnet diese Publikation in der Deutschen Nationalbibliografie; detaillierte bibliografische Daten sind im Internet über http://dnb.d-nb.de abrufbar.

Springer Gabler

Lektorat: Angela Pfeiffer

Gedruckt auf säurefreiem und chlorfrei gebleichtem Papier

Springer Gabler ist eine Marke von Springer DE. Springer DE ist Teil der Fachverlagsgruppe Springer Science+Business Media.
www.springer-gabler.de

Wer sich an eine falsche Vorstellung gewöhnt, dem wird jeder Irrtum willkommen sein.

Johann Wolfgang von Goethe

Vorwort: Von Events und echten Event Managern

„Und frag nicht dauernd nach! Dafür habe ich keine Zeit, mach es einfach!"

Worte eines in diesem Moment bei mir unbeliebten Event Managers. Er war doppelt so alt wie ich, vielfach erfahrener. Er war Profi, ich blutjunger Anfänger. Während meiner Berufsausbildung hatte man mich als Assistent an seine Seite gestellt. Und er machte mir mit Sätzen wie diesem unmissverständlich klar, was ich zu tun und zu lassen hatte. Er forderte ein Höchstmaß an Eigenverantwortung, hohes Tempo und absolute Gründlichkeit – von der ersten Sekunde an.

Mit den Jahren sollte ich lernen, warum er damals so handelte, wie er handelte. Warum er so kommunizierte, wie er kommunizierte. Auch wenn ich besonders zu Beginn unserer Zusammenarbeit der Leidtragende war, hatte ich großen Respekt vor seiner Arbeit, war voller Bewunderung für sein Wirken, seine Durchsetzungskraft und am Ende natürlich für das sehr gute Ergebnis, für das er verantwortlich zeichnete. Dieser mir damals im Projekt vorgesetzte Event Manager hatte mich an vielen Stellen in eiskaltes Wasser geworfen, und ich war mir nicht immer sicher, ob ich lebend an Land ankommen würde. Es waren harte, aber dennoch wichtige Lektionen für mich in der neuen Welt des Event Managements. Und sie bildeten einen wertvollen Baustein meiner beginnenden beruflichen Karriere. Sie waren schlussendlich ein Grund dafür, dass ich heute – wenngleich ich diesen Begriff nicht besonders mag – selbst ein Event Manager bin.

Meine erste bewusste Berührung mit der einerseits faszinierenden, andererseits hoch anspruchsvollen Welt des Event Managements erfuhr ich während meiner Berufsausbildung zum Werbekaufmann Anfang der neunziger Jahre. Seit nunmehr fast 20 Jahren arbeite ich im Bereich des Event Marketings sowohl in der strategischen Beratung als auch in der operativen Umsetzung, dem Event Management. Viel hat sich im Laufe der Zeit verändert, vieles ist geblieben.

Geblieben ist das Wesen des Event Managements, die Gesetze des Erfolgs einer erfolgreichen Umsetzung von Veranstaltungen. Diese Gesetze des Erfolgs bilden den Schwerpunkt dieses Buches. Dabei werden die Erfolgsfaktoren einer erfolgreichen Realisierungsarbeit, die des Event Managements, besonders dadurch verdeutlicht, dass ich Irrtümer beseitige und mit den damit verbundenen Vorurteilen aufräume.

Verändert haben sich vor allem die Relevanz und die Einsatzmöglichkeiten des Event oder Live Marketings: Beides hat sich enorm gesteigert. Heute sind Marketing Events in ihren zahlreichen Ausprägungsformen selbstverständlicher Teil der Below-the-Line-Kommunikation in den Bereichen interner oder externer Unternehmens- oder Markenkommunikation.

Auch wenn das Instrument der Live-Kommunikation heute in aller Marketing-Munde ist und man allzu oft von „Events" als Kommunikationsmaßnahme spricht, hat das Event oder Live Marketing in den letzten 30 Jahren eine beeindruckende Entwicklung vorzuweisen, auf die ich im ersten Kapitel *„Was Sie über die Wirkung von Events und ihren strategischen Einsatz wissen sollten"* ausführlich eingehe. Denn anhand dieser Entwicklung, der Veränderung im strategisch orientierten Einsatz kann veranschaulicht werden, welche Berechtigung und welche Vorteile das Event Marketing gegenüber den klassischen Werbe- oder Kommunikationsformen in den Massenmedien hat. Diese Kenntnis erzeugt ein Grundverständnis für den zielgerichteten Einsatz der Livekommunikation als vernetztes oder andere Medien ergänzendes Kommunikationsmittel.

Neben der praxisnahen Vermittlung von theoretischen Grundlagen, die den richtigen und systematischen Einsatz von Event Marketing beschreiben, richtet dieses Buch den Blick auch auf die komplexe Umsetzungsarbeit des Event-Teams, also auf die Arbeit derjenigen, die aus einer Event-Marketing-Strategie eine erfolgreiche Einzelveranstaltung oder gar Veranstaltungsreihe machen müssen.

Dieses Buch vermittelt Ihnen meinen Erfahrungsschatz aus 20 Jahren Event Management mit dem Ziel, Ihre Projektarbeit so effektiv und effizient wie möglich zu machen. Dieses Buch bietet Handwerkszeug, Methoden, Richtlinien und Gesetze des Erfolgs für angehende Event Manager, die aus theoretischen Grundlagen erfolgreiche Veranstaltungen machen wollen, egal ob sie auf der Agentur- oder Unternehmensseite arbeiten, für eine Institution, eine Partei oder einen Verein. Dieses Buch ist geschrieben für angehende Event-Fachleute, die durch eine perfekte Planungsarbeit Stress vermeiden und glückliche, begeisterte Gäste sehen wollen. Die wollen, dass die Künstler ihren Job gut machen, dass das Essen schmeckt und die

Vorgesetzten am nächsten Tag ein Dankeschönschreiben absetzen. Die wollen, dass man an alles gedacht hat, dass am Ende die Kalkulation aufgeht und die Erfolgskontrolle den Beweis antritt, dass die Arbeit von Wochen oder Monaten einen echten Wert für das Unternehmen oder den Kunden hat.

Dieses Buch ist auch geschrieben für Menschen, die gerne an die Grenze der persönlichen Belastbarkeit gehen, denn eines muss jedem klar sein, der sich zu einem echten Event Manager entwickeln möchte: Es ist ein harter und nicht immer dankbarer Job. Denn wie alles im Berufsleben hat auch das Event Management zwei Seiten:

Die eine, die positive Seite der Medaille, ist geprägt von besonderen Orten, von prominenten Menschen oder schillernden Persönlichkeiten, von viel beruflicher Abwechslung, von einer Menge Spaß und von Erfahrungen, die einem weit über das Leben des Event Managements hinaus im Leben hilfreich sind.

Als Event Manager kommt man häufig an interessante, spannende Orte, an denen die Veranstaltungen stattfinden. Besondere, unkonventionelle Veranstaltungsorte zu Land, zu Wasser oder in der Luft sind gefragt wie nie. Dabei wird seitens der Kunden immer mehr Kreativität auf Agenturseite gefordert. Ob das Schiffsdinner mit Topkunden auf dem Hudson River mit Manhattan-Skyline, ob die Tagung auf der Zugspitze mit Gratis-Alpenpanorama oder die Wüstensafari mit der Vertriebsmannschaft in Katar auf Kamelrücken – was man als Event Manager mitunter in wenigen Jahren zu sehen bekommt, was man rund um den Globus erlebt, reicht bei vielen anderen Menschen für ein ganzes Urlaubsleben. Damit verbunden sind natürlich oft ein Leben aus dem Koffer und die damit verbundenen Vor- oder Nachteile im Hinblick auf das Privatleben oder persönliche Vorlieben. Ich habe schon Menschen mit dem Berufswunsch Event Manager scheitern sehen, weil sie mit der Reiserei Probleme hatten. Platzangst, Flugangst oder ein fehlender Führerschein sind mit diesem Beruf nicht zu vereinbaren.

Als Event Manager lernt man nicht nur Neuland auf der Landkarte kennen, sondern zumeist auch zahlreiche besondere Menschen, Persönlichkeiten aus Kunst, Politik oder Wirtschaft. Prominente, VIPs, Superstars – darum wird man Sie beneiden, das ist offensichtlich einer der Gründe, warum heute so viele junge Menschen ins „Event-Business" wollen. Das ist für den Großteil der Event Manager allerdings kein Alltag, aber zugegebenermaßen eine lohnenswerte Randerscheinung. Nicht, um sich im Glanze anderer zu bewegen, in der Hoffnung, selbst ein wenig heller zu strahlen, sondern um sein (Berufs-)Leben damit bunter, interessanter, spannender zu machen. Denn solche prominenten Menschen haben oft Besonderes geleistet, stehen für etwas, haben ihre Geschichte. Und wenn es nur zehn Minuten Backstage in einer kleinen Plauderei sind, in denen man sich ein wenig kennenlernt – es sind besondere Momente, einzigartige Begegnungen. Klar, die hotelzimmerzerlegenden Rockstars gibt's auch, aber dieser Kelch ist bisher an mir vorbeigegangen – bisher keine panischen Anrufe des Hotelmanagers. Hier ist bestimmt immer mehr Mythos als Realität im Spiel!

Aber neben der Vielfliegerei, den Fünf-Sterne-Übernachtungen am einen oder anderen Ende der Welt, den A-, B- oder C-Promis auf der Bühne, sind aus meiner Sicht ganz andere Facetten des Event Managements reizvoll. Facetten, die den großen Unterschied zu einem eintönigen Job mit immer gleichen Aufgaben, immer gleichen Themen und sich wiederholenden Vorgängen machen. Es ist die anspruchsvolle Beratungstätigkeit im Vorfeld, um Kommunikationsstrategien zu entwickeln, dann in Live-Kommunikation zu übersetzen und Kunden von den richtigen Einzelmaßnahen, von der richtigen Ausgestaltung der Veranstaltung zu überzeugen. Es ist auch das kreative Arbeiten an Konzepten, an Inszenierungen und Dramaturgie oder am Veranstaltungsdesign. Neben einer Menge Kreativleistungen, die einem Event Manager abverlangt werden, ist die Vielseitigkeit der Arbeit an sich wertvoll, denn sie sorgt dafür, dass es wenig typischen Arbeitsalltag gibt. Keine Veranstaltung ist wie die andere, verschieden sind die Zielsetzungen, die Zielgruppen, die Orte, das Konzept, die Strategie, das Programm, das Entertainment.

Besonders als Event Manager auf Agenturseite hat man mit so vielen unterschiedlichen Unternehmen, Marken und Produkten zu tun. Als Event Manager auf Agenturseite befasst man sich beim Kundenbriefing und im nachgelagerten Kreativprozess heute mit der Positionierung einer neuen Waschmaschine, morgen mit einer internen Umstrukturierung und übermorgen mit dem neuen Allradantrieb des Topmodells für die anstehende Presse-Fahrveranstaltung. Zwangsläufig lernt man also (fast) jeden Tag Neues. Das mag mitunter auch anstrengen, unter dem

Strich allerdings begreife ich diesen „Alltag" als Chance für die persönliche Weiterentwicklung und als Chance für die Erweiterung des eigenen Wissens.

Genauso positiv wie das außerordentlich abwechslungsreiche Arbeiten ist für mich als Event Manager die Möglichkeit, Teil eines sehr schöpferischen Prozesses zu sein. Wer an einer Veranstaltung (mit-)arbeitet, erschafft etwas Greifbares. Wie ein Maler, ein Bildhauer oder ein Architekt nach langer kreativer Arbeit am Ende auf sein gemaltes Bild, seine Skulptur oder das fertig errichtete Gebäude schauen kann, so steht ein Event Manager irgendwann zwangsläufig auf „seiner" Veranstaltung, in der von ihm ausgestalteten Veranstaltungshalle, sieht Filme über die Leinwand flimmern, an denen er mitgewirkt hat, sieht die Dekoration, die Ausstattung um ihn herum, den Messebau, das Catering, die Band auf der Bühne, die er ausgewählt hat. Er sieht die Technik, die er mit geplant hat, das Scheinwerferlicht, den Roten Teppich, die Hostessen. Er sieht die ersten Gäste eintreffen, die Gläser mit prickelndem Inhalt, den ersten Redner hinter dem Vorhang stehen, er sieht seine Ansprechpartner oder seine Chefs gespannt in der ersten Reihe sitzen. Es ist ein greifbares, reales Ergebnis, etwas zum Anfassen, nichts Abstraktes. Es sind nicht mehr die Zahlen im Excel-Sheet, keine Worte mehr aus Konzeptpapieren oder Fotos aus Präsentationen. Jetzt ist der Moment der Wahrheit, der Moment, in dem aus Ideen und wochenlanger Planung Wirklichkeit wird. Das ist aus meiner subjektiven Sicht ein Privileg, das nicht viele Berufe in dieser Dimension, Vielseitigkeit und Kontinuität besitzen.

Hinzu kommt das direkte Feedback der auf den Veranstaltungen anwesenden Menschen, der Gäste, der Teilnehmer. An ihrem Beifall, an ihren Blicken, an ihrer Begeisterung oder Ausgelassenheit erkennt der Event Manager seinen Erfolg – oder seinen Misserfolg. Ich kann Ihnen ganz ehrlich und aus Erfahrung sagen: Das erste kühle Bier nach der Show hinter der Bühne schmeckt unglaublich gut! Wenn der offizielle Teil vorüber ist, wenn die Anspannung der Freude weicht und die Gäste feiern. Wenn Ihnen der Chef oder der Kunde auf die Schulter geklopft hat. Dann werden Sie mit Ihrem Team dort stehen, im Hintergrund wummert der Bass aus den Lautsprechern der Liveband, Scheinwerfer drehen sich unter der Decke und tauchen den Saal in wechselnde Lichtstimmungen. Ein Redner bedankt sich für die professionelle Betreuung, die Kollegin lobt das gute Essen. Dann werden Sie mit Ihrem Team anstoßen, sich für das perfekte Teamwork bedanken und genau in diesem Moment werden Sie wissen, wofür die „Plackerei" im Vorfeld eigentlich gut war.

Und damit ist es an der Zeit, zur Kehrseite der Medaille zu kommen. Zum großen Arbeitsaufwand und zu manchmal nicht endenden Arbeitszeiten, zu hoher Verantwortung und der damit verbundenen emotionalen Belastung. Wenn Ihnen zum Beispiel Ihr Chef oder Ihr Kunde eine Million Euro in die Hand gibt, um ein besonderes Event zu realisieren, bei dem alles auf den großen Moment einer Produktenthüllung auf der Bühne hinausläuft, die auf die Sekunde funktionieren muss, dann beschäftigt man sich zwangsläufig mit der Frage, was passiert, wenn der Vorhang nicht aufgeht und die Enthüllung misslingt!

Für die einen ist das Ganze ein Trip, ein Nervenkitzel. Für andere ist es eine unerträglich große Verantwortung. Wenn Sie innerhalb einer Woche am Veranstaltungsort nahezu 100 Stunden gearbeitet haben und währenddessen dutzende Kilometer auf hartem Hallenboden gelaufen sind, dann ist das für den einen eine Herausforderung, die dazugehört, die über allem Privatem steht, die eine letzte Hürde auf dem Weg zum Erfolg darstellt. Für den anderen ist es eine zu hohe körperliche Belastung, eine falsche Priorität, ein zu hoher Preis. Für mich war es immer der Nervenkitzel und die Herausforderung. Ein Trip, der mich auch das ein oder andere Mal unvernünftigerweise Maß und Ziel hat vergessen lassen. Denn auch ich bin am Arbeitsplatz vor Erschöpfung eingeschlafen, genau wie auf der Autobahn – passiert ist mir oder anderen Verkehrsteilnehmern zum Glück nichts – lediglich das Agenturfahrzeug war unwiderruflich zerlegt.

An dieser Stelle möchte ich klarstellen, dass ich die Kehrseite der Medaille nicht kritisiere. Ich möchte aber verdeutlichen, dass es diese Kehrseite gibt, um auch mit der einen oder anderen Illusion aufzuräumen. Ein erfüllender Job kann für vieles entschädigen, aber sicher nicht für alles. Wer im Event Management in eine leitende Funktion will, muss bereit sein, an seine Belastungsgrenze zu gehen. Geistig wie körperlich. Und manchmal auch darüber hinaus.

Wer das wirklich will, für den ist diese Kehrseite keine Kehrseite, sondern eine selbstverständliche Facette dieses Berufs. Wer das nicht will, muss sich gut überlegen, ob er im Unternehmen oder in der Event-Agentur an der richtigen Stelle arbeitet oder ob er generell den richtigen Berufswunsch hat.

Das soll niemanden entmutigen, denn bekanntermaßen ziehen Menschen die wertvollsten Erfahrungen aus Momenten, in denen man Besonderes leisten muss und hohe Hürden zu überwinden hat. Events sorgen bei den Event Managern, den Drahtziehern hinter den Kulissen für Tränen und Begeisterung, für Tobsuchtsanfälle und resignierendes Stillschweigen. Aber sie sorgen gleichermaßen für besondere Gemeinschaftserlebnisse, für großartige Emotionen, für Stolz und Freude, für Erfolg und Anerkennung.

Sie ist eine besondere Welt, die Welt des Event Managements. Ich helfe Ihnen dabei, sie besser zu verstehen. Dieses Buch vermittelt Ihnen das Grundhandwerkszeug, das Sie brauchen, um erfolgreich Veranstaltungen einzusetzen, zu konzipieren und zu realisieren. Und es hilft Ihnen ganz konkret dabei, Fehler zu vermeiden!

Die 11 Irrtümer über Event Management machen deutlich, was es bei der Planung von Veranstaltungen zu beachten und zu bedenken gibt. Sie vermitteln, dass es beim Event Management nicht nur um das operative Umsetzen, also um die reine Organisationsleistung geht, sondern gleichermaßen um konzeptionelles Denken, um Beratung und Überzeugungsarbeit auf vielen Ebenen. Die 11 Irrtümer über Event Management vermitteln Ihnen wertvolles und direkt verwertbares Wissen für Ihre Aufgabenstellungen in der Praxis. Ganz gleich, ob Sie auf Agentur- oder auf der Unternehmensseite arbeiten.

Ich wünsche Ihnen viel Freude mit dieser Lektüre!

Inhalt

WAS SIE ÜBER DIE WIRKUNG VON EVENTS UND IHREN STRATEGISCHEN EINSATZ WISSEN SOLLTEN

- **Irrtum 1: „Events sind auch nur Werbung!"**
  Die Wirkungsweisen und Vorteile des Event-Marketings

  Was unterscheidet Events von klassischer Werbung? Was sind die Vorteile, die Nachteile? Wer versteht, wie Event Marketing funktioniert, wer Potentiale und Grenzen kennt, und wer weiß, wie man das Instrument Live-Kommunikation richtig einsetzt, der kann in seiner Kommunikationsarbeit auf vielen Ebenen viel erreichen.

- **Irrtum 2: „Hauptsache, den Gästen gefällt es!"**
  Der strategische Umgang mit Event Marketing sowie Grundlagen der Veranstaltungskonzeption

  Event Marketing muss Ziele verfolgen. Veranstaltungen zum Selbstzweck sind Zeit- und Geldverschwendung. Das sinnvolle Einbetten in übergeordnete Strategien, das Verzahnen mit anderen Kommunikationsmaßnahmen ist Basis eines erfolgreichen Event Marketings. Die Wirkung isolierter Events dagegen verpufft, Nachhaltigkeit Fehlanzeige!

Ein paar Zahlen zum Nachdenken

- Gesamtausgaben für Marketing-Events in Deutschland im Jahr 2010 in Milliarden Euro: 2,24
  (Quelle: Statista 2012)
- Prognose für die Gesamtausgaben für Marketing-Events in Deutschland im Jahr 2014 in Milliarden Euro: 2,79
  (Quelle: Statista 2012)
- Anteil der Marketingfachleute, die Event Marketing als effizient einschätzen in Prozent: 62,8
  (Quelle: Statista 2013a)
- Anteil befragter Unternehmen, die jederzeit ein sehr klares Verständnis über die Erfolgsbeiträge ihrer Kommunikationsmaßnahmen haben in Prozent: 3,6
  (Quelle: OWM/McKinsey 2012)

IRRTUM 1: „EVENTS SIND AUCH NUR WERBUNG!“

DAS BUHLEN UM AUFMERKSAMKEIT

Die klassische Werbung hat ein Problem: Niemand will sie sehen oder hören. In Zeitschriften wird sie überblättert, das Radio wird auf den iPod umgestellt, im Fernsehen wird weggezappt oder dank IP-TV einfach vorgespult. Selbst mir geht es so, obwohl ich in der Werbebranche arbeite und mir durch den Konsum der Werbung natürlich auch viele Anregungen und Ideen für meine tägliche Arbeit holen kann.

Nur ein Fünftel aller erwachsenen Menschen in Deutschland vertrauen noch der Werbung mit all ihren Versprechungen nach der glattesten Rasur, der schönsten Haut oder nach dem sparsamsten Auto. Wir alle sind der Werbung überdrüssig geworden. Das bekommen auch Wirtschaftszweige wie zum Beispiel Zeitungsverlage zu spüren, deren Einnahmen aus dem Verkauf von Print-Werbeflächen stagnieren oder gar sinken. Alternative Angebote sind gefragt, neue Werbeformen, andere Kommunikationswege und -maßnahmen, die alternativ zu Massenmedien funktionieren und – wenn auch für kleinere Zielgruppen – eine nachhaltigere Wirkung erzielen können.

Dieser Anspruch hat schon vor über 20 Jahren den Begriff und das Feld der Below-the-Line-Kommunikation hervorgebracht. Hierbei geht es um solche Werbeformen, die vom Adressaten oder Konsumenten nicht vorrangig als Werbung eingestuft werden. Das wiederum wird belohnt mit Offenheit, Aufmerksamkeit und einer gesteigerten Effektivität im Transport von (Werbe-)Botschaften.

Aber wachsender Werbedruck über die Massenmedien und die damit zusammenhängende steigende Ablehnung von Werbung seitens der Konsumenten war nicht die einzige Entwicklung, auf die Unternehmen und Agenturen in der Ursprungszeit des Event Marketings reagieren mussten. Das Wachstum und die Globalisierung von Märkten generell brachten immer mehr Marken hervor, eine Art Kannibalisierungsvorgang begann. Zudem stieg die Homogenität der Produkte, was bis heute anhält. Was Inder, Japaner oder Chinesen heute produzieren, kann in vielen Fällen längst mit „Made in Germany“ konkurrieren. Im Preis ohnehin, und das ist in Zeiten von „Geiz ist geil“ ein Wettbewerbsvorteil für solche Marken, die vor Jahrzehnten noch keine Rolle spielten. Die „Markierung“ der

Marke mit einem eigenen, unverwechselbaren Markennamen musste deshalb immer stärker ergänzt werden durch zusätzliche, immaterielle Markenwerte und Markenwelten, die eine Differenzierung zur Konkurrenz, also eine andere, bestenfalls erfolgreichere Positionierung ermöglichten. Das war die Geburtsstunde des Erlebnismarketings beziehungsweise des systematischen Einsatzes von Events.

Der Markenkosmos ist demzufolge heute nicht mehr nur von Qualität und Funktionen seiner Markenprodukte gekennzeichnet, sondern von emotional aufgeladenen Welten mit großem Heimat- und Identifikationspotential. Marken inszenieren sich heute aufwendig in Flagship Stores, Shop-in-Shop-Systemen und mitunter sehr aufwendigen Markenwelten direkt am Point of Sale, auf Messen, während Public Events oder sogar auf der grünen Wiese. Ein gutes Beispiel dafür sind die während der letzten 15 Jahre neu entstandenen Markenwelten großer deutscher Automobilhersteller: In der Autostadt Wolfsburg, der BMW-Welt in München oder den Audi Foren wird den potentiellen Käufern viel Produkt geboten, aber eben auch viel darüber hinaus. Marken bauen Themenwelten auf, ob es um Nachhaltigkeit oder Lifestyle geht, um Historie oder um die Zukunft der Mobilität. Produkte werden in Storys eingebunden, sie werden menschlicher, nahbarer. Und vor allem erlebbar. Konsumenten werden eingeladen, sollen interagieren, sogar selbst an Produkten mitentwickeln. Sie werden Teil von Ereignissen, von einzelnen Events.

Die klassischen Massenmedien Print, Film, Funk und Fernsehen bieten im Gegensatz dazu kein oder nur wenig Interaktions- und Erlebnispotential. Hier werden Werbebotschaften einseitig konsumiert. Botschaften brauchen hier eine hohe Penetranz und Wiederholungsrate, um ins Bewusstsein der Zielgruppe vorzudringen und bestenfalls eine Handlung hervorzurufen. Und das verschlingt Geld. Dennoch: Die Daseinsberechtigung der klassischen Medien ist vor allem in ihrer unangefochten großen Reichweite zu sehen, hier können mit einem einzigen Werbespot zur Primetime Millionen von Menschen erreicht werden. Wenngleich diese Zahlen wenig über die Qualität der Kontakte und deren Nachhaltigkeit aussagen, ist trotzdem klar, dass man an dieser Stelle alternativlos ist.

Eine wirkungsvolle Kombination von großer Reichweite und Interaktions- beziehungsweise Dialogpotential bieten heute die sozialen Medien. Die Kommunikation von Unternehmen und Marken kann im Netz der tausend Möglichkeiten leicht mit ereignisstiftenden Elementen angefüttert werden. Hier wird gepostet, geliket, hier beteiligen sich Kunden oder Konsumenten an Online-Wettbewerben, bleiben dank Push-Diensten immer am Puls ihrer Lieblingsmarken, spielen Corporate-Spiele, nutzen Fan-Angebote oder verfolgen gespannt die Jahrespressekonferenz mit der Enthüllung des neuesten Topprodukts am Bildschirm.

Jeder Kommunikator weiß um das große Potential der sozialen Medien, was selbstverständlich ein Grund dafür ist, warum heute immer mehr Angebote und Tools entwickelt werden, um Marketing Events mit Online-Medien zu verzahnen. Diese Entwicklung steckt zwar noch in den Kinderschuhen, aber alleine die Kommunikation von Events in die Social Graphs der Teilnehmer vervielfacht die Reichweite und kann selbst bei solchen Menschen eine Wirkung erzielen, die gar nicht Teil der Veranstaltung sind. Leider muss ich in meiner Beratungstätigkeit feststellen, dass es hier nach wie vor Berührungsängste gibt und seitens der Veranstalter zu wenig Wissen um die Möglichkeiten und die Notwendigkeiten der Integration von Sozialen Medien in das Event Marketing existiert. Alleine Facebook ist im Jahr 2012 in Deutschland um 14 Prozent gewachsen und hat dabei die Hürde von 25 Millionen aktiven Nutzern geschafft.

Doch zurück zum Event Marketing. Die Erkenntnis um die Bedeutung des Dialogs und der Interkation, die Erkenntnis um die Notwendigkeit der emotionalen Ausgestaltung der Marken führte in Unternehmen zum schnell wachsenden Einsatz dieses Instruments. Event Agenturen entstanden genauso schnell wie die Event-Abteilungen auf der Unternehmensseite. Vergleichbar mit dem Run auf die Sozialen Medien heute, wollten auch Ende der achtziger, Anfang der neunziger Jahre viele Unternehmen sehr schnell sehr viel. Bei der Implementierung von Veranstaltungen in die Kommunikationsarbeit vernachlässigte man allzu oft zunächst den Anspruch, Events als strategisches Kommunikationsinstrument einzusetzen.

Event-Abteilungen waren in Unternehmen oft mangelhaft vernetzt, bildeten ein isoliertes Dasein, gehörten weder zum Vertrieb noch zum Marketing oder zur Unternehmenskommunikation. Entsprechend niedrig war der Grad der Verzahnung mit anderen Medien oder der Einklang mit Marketingzielen. Events blieben lange Zeit ein isoliertes Instrument. Einzelaktionen für kleine, definierte Zielgruppen standen im Zentrum der Bemühungen um erste Forstschritte und Erfahrungen in der Live-Kommunikation.

Das oftmals teuer bezahlte Erlebnis-Marketing musste seinen Weg zum wirkungsvolleren Live- oder Event Marketing erst finden. Es war eine natürliche und notwendige Entwicklung, wie wir sie heute bei den sozialen Medien ebenfalls beobachten. Die Gier nach effektiven Kommunikationsinstrumenten ist enorm hoch, schließlich geht es um viel: die Aufmerksamkeit der potentiellen Verwender, Käufer oder Multiplikatoren. Da ist es vielleicht menschlich, dass man erst den schnellen oberflächlichen Erfolg, den schnellen Fortschritt sucht, und später die Erkenntnis folgt, dass Nachahmen keine Strategie ist und erst die Inhalte und markenaffine Konzepte entstehen müssen, bevor Inhalte und Aktionen online gehen oder sich die Türen zum Saal beim Event Marketing öffnen.

Markenaffine Events zu schaffen, bedeutet, Events niemals zum Selbstzweck einzusetzen. Sie müssen immer einer klaren Zielsetzung folgen. Und der Weg dorthin muss dem Selbstbild der Marke folgen, muss im Einklang stehen mit den Inhalten und Botschaften anderer Medien und Aktionen, muss dem Aufbau der eigenen Reputation und der Imagebildung folgen. Dabei geht es um Substanz und um Unverwechselbarkeit. Substanz in den Botschaften, den kommunizierten Inhalten auf theoretischer, konzeptioneller Ebene. Unverwechselbarkeit in der Umsetzung, in allen Einzelbereichen der Live-Inszenierung, der Dramaturgie bis hin zum Technikeinsatz, dem Veranstaltungsort oder dem Catering.

Bis heute erlebe ich leider nur ansatzweise das Entwickeln vollständiger, aussagekräftiger Richtlinien für Event Marketing in Unternehmen, was in den Bereichen Corporate Design, Corporate Behavior oder Corporate Communication, die in Summe die Corporate Identity einer Marke bilden, seit Jahrzehnten schon selbstverständlich ist. Im Bereich des Event Marketings beschränkt man sich auf im Vergleich dazu lächerlich wirkende Gestaltungsvorschriften für Dinge wie Banner, Einladungskarten oder VIP-Shuttle-Beschriftungen. Dabei ist die Unverwechselbarkeit einer Veranstaltung als eindeutiges Zeichen der Marke bei der Live-Kommunikation ebenso wichtig wie ein einheitliches Gestaltungsraster, ein einheitlicher Umgang mit Bildern in einer Werbeanzeige oder in einem TV-Spot. Sie ist genauso wichtig wie ein einheitlicher Umgang mit Sprache, Sound und Musik im Radiospot.

Welche Elemente können zur Unverwechselbarkeit einer Marke in der Live-Kommunikation beitragen? An erster Stelle stehen visuelle Anker, die das Veranstaltungsdesign bieten muss. Farb- und Formencodes, Logo und Motiveinsatz in Dekoration und Medien sind die Pflicht. Schwieriger wird es bei der Kür auf der inhaltlichen Ebene. Hier muss definiert sein, welches Image, welche Positionierung zu welcher Zielgruppe hin transportiert werden soll. Die Besinnung auf den Markenkern funktioniert hier als Ideengeber und gleichermaßen als inhaltliche Leitplanke. Dazu ein prägnantes Beispiel:

Wie wir alle wissen, verleiht Red Bull Flügel. Der Aufbau der Marke Red Bull ist eine beeindruckende Erfolgsgeschichte. Der Erfolg kam aber nicht über Nacht, es war ein langer Weg mit konsequenter Zielsetzung. Die Markenkommunikation musste zunächst das Verständnis der Konsumenten für den Markenkern – den belebenden Charakter des Energy-Drinks – fördern. Die Wahrnehmung eines negativen, gesundheitsschädlichen Labordrinks sollte in den Köpfen potentieller Verwender einem positiven Image weichen. Die Marke musste mit zum Produkt passenden Werten aufgeladen und insgesamt sympathischer werden. Das war die Geburtsstunde des Marken-Claims „Red Bull verleiht Flüüügel!".

Diesen Markenaufbau schaffte die Marke sogar ohne gigantische Werbebudgets. Ganz im Gegenteil. Da zu Beginn kein Budget für reichweitenstarke, klassische Werbung vorgesehen war, ging man bei Red Bull einen anderen Weg. Die Marke wurde vielmehr durch Live-Marketing gekonnt im richtigen Umfeld inszeniert. Dabei ist für Red Bull Authentizität schon immer gelebtes oberstes Gebot! Wichtigster Aspekt hierbei ist, dass die Marke in allem, was sie tut, ihr Versprechen Realität werden lässt. Beispielsweise verzichtet man auf Werbung in Zeitungen. Zu flach erscheint das Medium, um Bewegung und Energie vermitteln zu können.

Ganz anders können Events diesen Markenkern glaubwürdig und effektiv transportieren. Bei Red Bull Events dreht sich alles um Speed, um Energie, um Bewegung, um Hochleistungssport. Fliegerei, Snowboarden, Motocross, Radsport, Surfen, DTM, Formel 1 – die Liste der Sportarten, die Red Bull für seine Markeninszenierung mit Erlebnisfaktor während seiner internationalen Events nutzt, ist lang. Hinzu kommen Musikfestivals und andere Event-Formate, die von Red Bull gesponsert oder selbst verantwortet werden. Jüngste Aktionen wie der Sprung von Felix Baumgartner sind auch Ereignisse, die als Event bezeichnet werden müssen, wenn auch in diesem Fall als TV- oder Medien-Event. Die perfekte Verzahnung der Medien und das Ausschöpfen der damit einhergehenden Synergien bescheren Red Bull nachhaltigen Erfolg: Die mediale Aufmerksamkeit dieses Ereignisses führt weltweit zu relevanter, messbarer Image-, Absatz-, und Bekanntheitsgradsteigerung.

Wer also ein Red-Bull-Event besucht oder über andere Medien verfolgt und damit immerhin indirekt teilnimmt, wird Teil einer Welt, die sich immer konsequent an der Marke orientiert. Immer ist das Produkt selbst Teil der Inszenierung und verfügbar, immer dienen die Event-Bestandteile dem Transport identischer Werte und Botschaften: Wer Red Bull trinkt, kann Außergewöhnliches leisten. Nicht mehr und nicht weniger. Red Bull verleiht eben „Flüüüügel"!

Gute Gründe für Event Marketing

Das Red-Bull-Beispiel lässt sich natürlich nicht ohne Weiteres auf andere Unternehmen oder Marken anwenden. Dazu sind die Herausforderungen und Aufgaben der Kommunikationsarbeit zu verschieden. Es geht schließlich nicht immer um Markenaufbau und Vertriebsaspekte, sondern allzu oft auch um Kundenbindung, Meinungsbildung, Motivationssteigerung oder um Wissensvermittlung. Eine Mitarbeiter-Motivationsveranstaltung ist ebenso viel Event wie ein Red-Bull-Surfcup. Was beides vereint, ist das gleichbleibende Funktionsprinzip von Veranstaltungen. Das Wesen und die Wirkungsweise von Veranstaltungen zu verinnerlichen, ist ein erster wichtiger Schritt hin zum gezielten, strategischen Einsatz des Instruments Event. Denn wer die Vorteile der Live-Kommunikation versteht, der kann sie gezielt einsetzen und für sich nutzen. Dann bleibt der Erfolg einer Veranstaltung kein Glücksfall, dann wird er planbar.

Die fünf wichtigsten Vorteile der Live-Kommunikation

Aufmerksamkeitsstärke

Jeder Werbespot, jede Zeitungsanzeige muss um die Aufmerksamkeit seiner Adressaten kämpfen. Diese klassischen Werbeformen drängen sich dem Verbraucher auf, funktionieren über hohe Penetration. Das führt zu Vermeidungsverhalten bei den Empfängern, sie zappen die Werbung weg, das Mailing landet ungeöffnet im Papierkorb, Radio muss dem eigenen iPod weichen. Die Menschen versuchen, Werbung zu umgehen, setzen sich ihr selten freiwillig aus, betrachten sie als wenig glaubwürdig und als lästiges Übel.

Beim Kommunikationsinstrument Event Marketing ist das anders: Menschen besuchen eine Veranstaltung freiwillig – von wenigen Ausnahmen einmal abgesehen. Ganz gleich, ob das Rock-Festival einer Biermarke oder die Betriebsversammlung des Arbeitgebers. Ob es der hochwertige Galaabend des Lieferanten oder die Abteilungsweihnachtsfeier ist. In aller Regel erscheinen die eingeladenen Personen oder Teilnehmer freiwillig. Das bedeutet im Umkehrschluss, dass sie sich bewusst auf die Veranstaltung einlassen und sich selbstverständlich auch darüber im Klaren sind, was sie grundsätzlich erwartet.

Das ist die große Chance für den Veranstalter, denn seine Gäste sind offen für das, was passiert. Sie bringen auf der einen Seite eine Erwartungshaltung mit, sind auf der anderen Seite aber auch bereit, Botschaften zu empfangen. Wer freiwillig Teil eines Events ist, nimmt die Umgebung bewusst wahr, interessiert sich für Inhalte und für den Urheber dessen. Wer Ihre Veranstaltung besucht, wird Ihre Unternehmens- oder Produktbotschaft nicht als störend empfinden, sondern als selbstverständlichen Teil. Im Grunde geht man einen stillschweigenden Handel ein: Aufmerksamkeit gegen Erlebnis. Menschen sind soziale Wesen, sind gerne in Gemeinschaft, mögen das gemeinsame Erlebnis. Ob Arbeitskollegen in ausgelassener Stimmung auf der Tanzfläche, Kunden und Auftraggeber bei der Oldtimer-Rallye oder Journalisten mit Fachleuten während des Presse-Events in außergewöhnlicher Location. Menschen wollen interagieren, sich austauschen, netzwerken. Oder einfach nur bewegende Momente erleben, an die sie sich auch Wochen oder Monate später noch gerne erinnern. Dieser Wille, etwas Positives zu erleben, mitzunehmen, für sich zu verwerten, ist für Sie als Veranstalter Chance und Herausforderung zugleich. Die Chance besteht darin, Ihre Botschaften Teil dessen werden zu lassen, die Herausforderung besteht darin, die Erwartungshaltung Ihrer Gäste zu erfüllen, um deren offene Grundhaltung nicht zu stören oder gar ganz zu eliminieren.

Exklusivität

Auch hier sei erneut der Vergleich mit klassischen Medien erlaubt. Neben der Tatsache, dass klassische Werbung grundsätzlich wenig Chancen hat, ins Bewusstsein des Adressaten zu gelangen, haben Anzeigen oder Spots noch ein ganz anderes Problem: Sie sind nicht allein. Ihr potentieller Kunde blättert in der Fachzeitschrift eine Seite weiter und findet vielleicht die für ihn noch ansprechendere

Anzeige Ihres Hauptkonkurrenten. In Radio- oder TV-Werbung, im Kino oder bei der Promotion-Aktion ist es nicht anders. Sogar Ihr Messestand ist umgeben von buhlender Konkurrenz, die Sie zu übertreffen versucht – und es aus Ihrer Sicht im schlechtesten Fall sogar schafft.

Auf Ihrer Veranstaltung ist das anders: Hier sind Sie der Platzhirsch! Laden Sie Ihre besten Kunden zum Galaabend ein, bleibt die Konkurrenz draußen. Hier versucht niemand, sich zwischen Sie und Ihre Kunden zu stellen, hier können Sie in Ruhe ins Gespräch kommen und laufen nicht Gefahr, dass Sie links liegen gelassen oder überblättert werden.

Leider erlebe ich in der Praxis oft, dass dieser einzigartige Vorteil besonders seitens des Vertriebs unterschätzt wird, der ein besonderes Interesse daran haben müsste, seine Bestandskunden und potentielle Interessenten zu den eigenen Veranstaltungen mitzubringen. Ich bin oft erstaunt darüber, wie wenige Kunden schlussendlich auf Veranstaltungen erscheinen, vergleicht man die tatsächliche Gästezahl mit der theoretisch möglichen. Hier wird bei Kunden und Interessenten nicht konsequent genug für die Veranstaltung geworben, unter Umständen werden in der Ansprache auch Fehler gemacht.

Es ist auch die Aufgabe der verantwortlichen Event Manager, kommunikativ alles dafür zu tun, potentielle Gäste für die anstehende Veranstaltung medial zu begeistern. Das fängt beim kreativen, mehrstufigen Einladungsprocedere an und reicht bis hin zu fest eingeplanten Nachfassaktionen, Anzeigenschaltungen oder weiteren Aktionen, die dabei helfen, das geplante Event immer wieder ins Bewusstsein derjenigen zu rücken, die man zu Gast haben will.

Flexibilität

Häufig sind Veranstaltungsreihen Teil der Event-Marketing-Strategie. Roadshows beispielsweise bringen die Veranstaltung geografisch nah zur Zielgruppe, was die Teilnehmerzahlen erhöht. Ein festes, reproduzierbares Konzept ist dafür die Voraussetzung. Auch Schulungsveranstaltungen – ob intern oder extern – folgen diesem Prinzip. Der große Vorteil des Event Marketings ist die kurze Reaktionszeit auf Erfolg, auf Misserfolg oder auf die Veränderung äußerer Rahmenbedingungen. Was gut funktioniert hat, wird beibehalten. Was nicht gut funktioniert hat, kann von der einen zur nächsten Veranstaltung optimiert werden. Wer das beherzigt, begibt sich in einen wertvollen Prozess der kontinuierlichen Verbesserung, was den Erfolg nachfolgender Veranstaltungen steigert.

Ein Beispiel: Ich selbst begleitete als Event Manager eine groß angelegte, interne Schulungsoffensive bei einem Flugzeughersteller. 11.000 Mitarbeiter wurden an fünf Produktionsstandorten in Gruppen mit jeweils 250 Mitarbeitern durch die Veranstaltungen geschleust. Hauptbestandteil jeder Veranstaltung waren sechs Workshops zu unterschiedlichen Themenfeldern, die von den Teilnehmern in einem rotierendem System durchlaufen wurden. Nach jeder Veranstaltung holten Hostessen konkretes Feedback anhand einer standardisierten Befragung von mindestens zehn Prozent aller Teilnehmer ein. Das führte zu positiven Veränderungen in den Workshop-Inhalten, die standortspezifisch angepasst waren. Zudem war es möglich, die Arbeit der lokalen Workshop-Moderatoren ad hoc zu verbessern, denn anhand des kritischen Feedbacks waren sie schnell in der Lage, die Art und Weise ihrer Wissensvermittlung zu optimieren, Interaktion zu steigern oder andere praktische Beispiele zu wählen.

Dialogfördernd

Direktmarketing bewertet einen Rücklauf, eine Response-Quote von nur drei Prozent in aller Regel bereits als Erfolg. Hier wird mit der großen Gießkanne geworben, die Effektivität und Wirtschaftlichkeit solcher Instrumente ist oft fragwürdig. Die Live- oder Direktkommunikation funktioniert als einziges Kommunikationsinstrument im Grundsatz nicht über ein Medium, sondern von Mensch zu Mensch. Hinzu kommt der Grad an Interaktion, denn auf jeder Veranstaltung sind Menschen in Bewegung, interagieren mit anderen Gästen oder sind Teil von Aktionen. Beide, die Kommunikation von Mensch zu Mensch und die Interaktion, haben ein deutlich höheres Emotionalisierungs- und Aktivierungspotential als Medien. Medien ergänzen während einer Veranstaltung die Dialogmöglichkeiten, indem beispielsweise neue Interaktionstechniken wie iPod-gestützte Umfragen eingesetzt werden. Andere Medien wie Bewegtbilder werden eingesetzt, um Themen einzuleiten oder zusammenzufassen. Zentrales Kommunikationsmittel auf Veranstaltungen bleibt aber am Ende immer der Mensch-zu-Mensch-Kontakt, ganz gleich, ob ein Moderator auf der Bühne das neue Produkt vorstellt, der Vorstandsvorsitzende seine Rede während der Aktionärsversammlung hält oder sich der Außendienstmitarbeiter beim Galaabend mit seinen Kunden am Tisch in Gespräche vertieft. Auch der Austausch der Gäste untereinander, das Gespräch mit dem Künstler nach der Show, der Smalltalk mit der Hostess: Bei Events sind es viele Momente, die sich um den direkten Kontakt unter Individuen drehen. Kommunikation in einer besonderen Atmosphäre, freiwillig, durch eigene Initiative der Kommunikationsteilnehmer oder zumindest dank einer offenen Bereitschaft zum Dialog.

Das ist Anspruch und Chance zugleich. Jedes Event bietet eine Kommunikationsplattform, die als Dialoginstrument genutzt werden muss. Dafür gibt es zahlreiche Instrumente oder Gestaltungsmöglichkeiten. Gelingt es, die direkte Kommunikation der Gäste untereinander und die Mensch-zu-Mensch-Kommunikation zwischen Veranstalter und Gast zu fördern, zu kultivieren, dann kann ein nachhaltig positiver Eindruck entstehen. Dann wird das Event für die Zielgruppe zum lohnenden Ereignis. Dann wird es umso einfacher, Botschaften zu vermitteln und für nachfolgende Taten zu aktivieren.

Direktes Feedback

Unternehmen bieten Produkte oder Dienstleitungen für definierte Zielgruppen an. Erfolgsentscheidend für den Absatz ist unter anderem die Übereinstimmung der angebotenen Leistungen mit den Ansprüchen und Bedürfnissen der potentiellen Kunden. Diese Ansprüche und Bedürfnisse erschließen sich aber den Unternehmen und Marken, den Marketingleuten oder Produktmanagern nicht automatisch. Deshalb nutzen Unternehmen aufwendige Marktforschungsinstrumente und analysieren ihre nationalen wie internationalen Zielgruppen, die Produkte der Mitbewerber, die Marktentwicklung etc. Über standardisierte Methoden oder gar den Ankauf entsprechender Daten aus Erhebungen der Marktforschungsinstitute oder von Statistikanbietern lassen sich vor allem quantitative Aussagen treffen. Das sind Zahlenwerte, die je nach Erhebungsmethode, Erhebungszeitraum, Probanden oder Thema mehr oder weniger aussagekräftig sind für die eigenen Fragestellungen.

Jeder Produktmanager wird deshalb bestätigen, dass der direkte Austausch mit Bestandskunden im persönlichen Gespräch am wertvollsten und aussagekräftigsten ist. Das sagt noch nichts über die richtigen oder falschen Schlüsse aus, die aus solchen Gesprächen gezogen werden, aber fest steht: Wer qualitative Daten über seine Kunden, deren Ansprüche und Bedürfnisse sowie über die eigenen Leistungen aus Kundensicht sammeln will, der muss Kunden dazu direkt befragen. Unternehmen führen deshalb Telefoninterviews durch oder treffen sich im kleinen Kreis zu Feedbackgesprächen, in der Hoffnung, verwertbare Impulse oder Ideen für das eigene Sortiment, die eigenen Dienstleistungen, künftige Innovationen oder sonstige erfolgsentscheidenden Faktoren zu generieren. Solche Maßnahmen kosten mitunter viel Geld und sind vor allem zeitaufwendig.

Wenn man sich dann vor Augen hält, wie groß der Datenpool ist, der sich in Form von Gästen auf Ihrer Kundenveranstaltung aufhält, führt das vor diesem Hintergrund zwangläufig zu der Frage, ob man diesen Datenpool nicht anzapfen sollte. Die Möglichkeiten hierzu sind vielfältig, ob über ausliegende Fragebögen, ein legeres Gespräch beim Drink an der Bar oder im kurzen, bei Top-Kunden angekündigten Think-Tank-Gespräch im Separee. Das ist für die Kunden in der Regel nicht lästig, sondern ein Zeichen der Wertschätzung. Aber: Wie alles bei einer Veranstaltung muss auch das gut geplant und durchdacht werden. Event Manager können an den entsprechenden Stellen in der Geschäftsleitung, dem Marketing oder dem Vertrieb für die konsequente Nutzung dieser einmaligen Gelegenheiten werben. Man muss sich immer wieder vor Augen halten: Gelegenheiten, so viele Kunden an einem Ort und quasi im eigenen Haus zu haben, gibt es nicht viele.

Das motivierende Fazit

In Zeiten zunehmender Homogenität von Produkten und Märkten, in Zeiten totaler Reizüberflutung und daraus resultierenden Vermeidungsverhaltens auf der Konsumentenseite geraten solche Kommunikationsinstrumente immer mehr in den Fokus, die überhaupt noch das Potential haben, nachhaltig zu wirken. Event Marketing hat dieses Potential zweifelsohne. Der Emotionalisierungsgrad eines Events, die Wirkung einer Live-Marken- oder -Produktinszenierung, kann von keinem Medium der Welt übertroffen werden. Die Chance, mit Zielgruppenmitgliedern direkt zu interagieren, von Mensch zu Mensch zu kommunizieren, ist im Kommunikationsmix den Instrumenten vorbehalten, die direkt oder indirekt zum Feld des Event Marketings gehören.

Für Sie als Event Manager ist wichtig, diese Chancen zu kennen und in Ihrer täglichen Konzeptions- und Realisierungsarbeit zu bedenken und zu nutzen. Wenn Sie einmal verstanden haben, dass Events keinem Selbstzweck dienen dürfen, sondern einer zielgerichteten Kommunikationsstrategie folgen und auf Marke oder Produkt einzahlen müssen, dann sind Sie in der Lage, frühzeitig und effektiv die Weichen für eine am Ende messbar erfolgreiche Veranstaltung zu stellen. Als Resultat dessen wird der Wert des Event Marketings in der Wahrnehmung Ihres direkten Umfelds steigen, genauso wie Ihr persönlicher Erfolg als Event Manager.

Irrtum 2: „Hauptsache, den Gästen gefällt es!“

Kein Konzept ohne definierte Ziele

Veranstaltungen sind personell wie monetär aufwendige Kommunikationsmaßnahmen, mit zum Teil sehr hohen Ausgaben pro Gast. Im Vergleich zu den Tausender-Kontaktpreisen klassischer Werbemedien wird das besonders deutlich. Aber ich möchte hier nicht Äpfel mit Birnen vergleichen. Vielmehr möchte ich für einen verantwortungsvollen Umgang mit Budgets werben, damit Events kosteneffizient geplant und durchgeführt werden. Die Effizienz und die Effektivität einer Kommunikationsmaßnahme lassen sich nur dann ermitteln, wenn zuvor Ziele definiert wurden. Je höher der Zielerreichungsgrad, desto effektiver die Maßnahme. Den Zielerreichungsgrad wiederum kann man nur durch Erfolgsmessung in Erfahrung bringen, die deshalb in einem späteren Kapitel des Buchs ausführlich behandelt wird.

Selbstverständlich verfolgt so gut wie jedes Event das Ziel, den Gästen zu gefallen. Ein Programm auf die Bühne zu stellen, das sprachlich, musikalisch, inhaltlich oder in anderen Belangen an der Zielgruppe vorbeigeht, ist nicht nur eine völlige Fehleinschätzung, sondern eine Katastrophe. Denn in aller Regel gibt es dafür keine zweite Chance. Den Gästen zu gefallen, ist also selbstverständlich, aber nicht ausreichend. Ein Event muss konkrete Ziele verfolgen, deren Definition die Grundlage ist für jede darauf aufbauende Kommunikationsstrategie und Veranstaltungskonzeption. Auch werden sich Agenturen, die Sie gegebenenfalls briefen müssen, damit sie Konzepte erarbeiten, leichter tun, wenn sie verstehen, warum genau Sie dieses Event durchführen wollen und welche Ziele optimalerweise erreicht werden. Nicht zuletzt haben definierte Ziele Einfluss auf das gewählte Veranstaltungsformat und den Veranstaltungsort.

Stellen Sie sich vor, Sie verlassen Ihr Haus ohne Ziel. Das ist undenkbar. Sie treten keinen Spaziergang, keine Reise an, ohne das konkrete Ziel zu kennen. Der Weg mag nicht immer eindeutig sein, aber das Ziel ist klar und sehr konkret. Sie würden auch keinem vagen, weichen Ziel folgen, wie „Ich gehe dahin, wo es schön ist!“. Wenn wir diese banale Tatsache auf Ihre Arbeit als Event Manager übertragen, bedeutet dies, konkrete Ziele einzufordern oder mit zu erarbeiten. Je konkreter die Ziele, umso besser!

- Wie viele Messekontakte soll der Vertrieb während des Messezeitraums generieren?
- Wie viele Kunden wollen Sie mindestens auf der Veranstaltung zu Gast haben?
- Wie viele Presseartikel soll das Event hervorbringen?

Sie sehen: Harte Ziele lassen sich sehr konkret mit messbaren Werten hinterlegen. Weiche Zielsetzungen beschreiben eher Zielzustände:

- Während der Veranstaltung erklärt sich die Mehrheit aller Mitarbeiter der Abteilung zur Restrukturierung bereit.
- Die eingeladenen Kunden haben am Ende der Veranstaltung die Hauptvorteile der neuen Produktlinie verinnerlicht.

Qualitative Ziele, die sich mit Events erreichen lassen:

- **Bewusstseinsbildung**

  Definierte Zielgruppen werden für ein aktuelles Thema sensibilisiert, erlangen spezifisches Hintergrundwissen und können für ihren Arbeits- oder Wirkungsbereich Schlussfolgerungen ziehen und Handlungen ableiten.

- **Commitment**

  Insbesondere bei internen Veränderungsprozessen wird im Rahmen von Veranstaltungen versucht, ein Commitment, also eine Zustimmung der Mitarbeiter zu der Einführung neuer Strukturen, Methoden oder Arbeitsinstrumente zu erhalten. Ein solches Commitment wird im Rahmen einer Symbolhandlung oftmals mittels Fingerabdruck oder Unterschrift auf einem überdimensionierten Bild oder Plakat dokumentiert.

- **Emotionalisierung**

  Emotionalisierung ist ein grundsätzliches Ziel, das Events verfolgen. Ohne Emotionalisierung wäre jede Veranstaltung langweilig und wertlos. Positive Emotionalisierung kann durch sehr unterschiedliche Dinge hervorgerufen werden. Manchmal reicht dafür ein besonderer Veranstaltungsort aus, oftmals sind es künstlerische, unterhaltende Elemente oder anrührende Worte aus einer Rede oder einem Vortrag.

Inhalte können aber auch negativ emotionalisieren: Die auf der Betriebsversammlung angekündigte Rationalisierungswelle weckt auch Emotionen. Für den Betriebsrat unter Umständen gewollt, für das Management und die Mitarbeiter ungewollt.

Fest steht, dass positive Emotionen die Grundlage für jegliche nachhaltige Vermittlung von Inhalten sind. Nicht emotionalisierte Gäste, Teilnehmer oder Mitarbeiter sind gelangweilt, nicht bei der Sache. Kernbotschaften verhallen im Raum, werden nicht gehört und im Bewusstsein verankert. Wer hingegen emotionalisiert ist, hört gespannt zu, tut sich insgesamt leichter mit einer stillen oder offenen Zustimmung zu gesprochenen oder gezeigten Botschaften. Nur wer positiv emotionalisiert ist, wird zu aktivieren sein: zu einer direkten Handlung oder Interaktion noch während der Veranstaltung oder im Nachhinein.

- **Informationsvermittlung**

Bei diesem Ziel dreht sich alles um Wissensvermittlung. Normalerweise im Rahmen von Schulungsveranstaltungen, Workshops, Seminaren, Symposien oder Kongressen. Darüber hinaus sollen auf internen Veranstaltungen, Aktionärsversammlungen oder Pressekonferenzen häufig Fakten oder Zusammenhänge erklärt und plausibel gemacht werden, was eine zielgruppenadäquate, didaktische Aufbereitung der Inhalte in sprachlicher, inszenatorischer sowie multimedialer Form voraussetzt. Produktinformationen, Unternehmensnachrichten, Zukunftspläne, Kennzahlen, strukturelle Veränderungen in Produktion oder Administration – die Themenfelder sind vielfältig, und Unternehmen müssen Gelegenheiten auf Veranstaltungen für einen effektiven Wissenstransfer nutzen.

- **PR-Wirkung und Imagesteigerung**

Natürlich soll jede Veranstaltung zum Imagegewinn beitragen, viele Events sind darüber hinaus auf eine explizite PR-Wirkung ausgelegt, um die öffentliche oder teilöffentliche Wahrnehmung der eigenen Veranstaltung zu steigern. Dafür werden Events oftmals zu „Public Events" oder Unternehmen lizensieren beziehungsweise sponsern bestimmte Veranstaltungsformate und dürfen im Gegenzug Namensgeber sein wie beim Kultur-Event „Nokia Night of the Proms" oder dem „Holsten Man", einer internationalen Triathlon-Veranstaltung in Hamburg. Besonders bei Veranstaltungen mit der Absicht, eine möglichst intensive und weitreichende Berichterstattung zu erreichen, spielen die Vernetzungsmöglichkeiten mit klassischen Medien und den Social Media eine entscheidende Rolle.

Einen Imagegewinn zu erreichen, ist von sehr unterschiedlichen Erfolgsfaktoren abhängig. Einer der wichtigsten Erfolgsfaktoren ist auch hier die positive Emotionalisierung des Publikums durch künstlerische Elemente, Entertainment, Inszenierung, Medien oder Interaktion. Sie sorgt bei den internen wie externen Gästen für mehr Identifikation mit Unternehmen, Marke oder Produkt. Prominente Gäste, Künstler oder Moderatoren sollen ebenfalls für einen positiven Imagetransfer sorgen, hier schmückt man sich gerne und effektiv mit fremden Federn.

Quantitative Ziele, die sich mit Events erreichen lassen:

- **Umsatz- oder Absatzgenerierung**

  Oberflächlich gesehen könnte man von Verkaufsveranstaltungen sprechen, die eine Umsatzgenerierung verfolgen. In aller Regel verkaufen Unternehmen ihre Produkte nicht unmittelbar während der Veranstaltung. Messeteilnahmen allerdings sollen vielfach auch dem primären Ziel dienen, Verkaufs- oder Vertragsabschlüsse zu erzielen. Nehmen wir beispielsweise die internationalen Luftfahrtmessen. Hier generieren Flugzeughersteller wie Airbus oder Boeing einen Großteil der Flugzeugbestellungen bei der Kundschaft aus der ganzen Welt. Die Erfolge sind in Euro oder Stückzahl leicht messbar und nachzuweisen und eignen sich dementsprechend sehr gut als konkretes Veranstaltungsziel.

- **Neukundengewinnung**

  Potentielle Neukunden sind aus Sicht des Vertriebs eine Kernzielgruppe für eigene Events. Die emotionale, positive Atmosphäre einer Veranstaltung soll dazu genutzt werden, Interessenten nachhaltig von der eigenen Marke, den eigenen Produkten zu begeistern. Das Ziel ist, Interessenten an Personen zu binden, sie zu neuen Kunden zu machen, sie dazu zu bewegen, den Lieferanten zu wechseln und eine neue Partnerschaft einzugehen.

- **Generierung von Kontakten**

  Ein besonderer Grund für viele Menschen, auf bestimmte Veranstaltungen zu gehen, ist die Tatsache, dass sie dort gut netzwerken können. Menschen eine Plattform zum Netzwerken zu geben, wird oft unterschätzt, denn sie hat für viele Zielgruppen eine Magnetwirkung. Ihresgleichen zu treffen, ist immer attraktiv. Events brauchen dafür den zeitlichen Raum und eine entsprechend homogene Gästestruktur.

  Für den Gastgeber ist das Knüpfen von Kontakten genauso wichtig. Hier können Verbindungen zu potentiellen Kunden aufgebaut werden, aber auch zu Journalisten, die später über das Unternehmen berichten sollen. Oder zu Meinungsbildnern und Lobbyisten, die auch die Interessen des Unternehmens vertreten und repräsentieren sollen. Neue Kontakte – besonders jene zu potentiellen Neukunden – werden noch während oder nach der Veranstaltung in einer CRM-Software erfasst. Auch hieraus lassen sich wichtige, konkrete Veranstaltungsziele ableiten, die zuvor die Anzahl und die Qualität der Kontakte definieren.

- **Recruiting**

  Der Kampf um die besten Mitarbeiter hat mittlerweile jedes Unternehmen erreicht. Jeden Tag verlieren Unternehmen wertvolle Mitarbeiter an die Konkurrenz, werben neue Mitarbeiter bei der Konkurrenz ab, bauen Nachwuchs auf und beschäftigen sich im Rahmen von Kooperationen zum Beispiel mit Hochschulen mit einer qualitativ hochwertigen Ausbildung. Unternehmensbereiche wie Ausbildungs- oder Hochschulmarketing beispielsweise nutzen Messen oder andere öffentliche Veranstaltungen für die Präsentation der eigenen Ausbildungs- oder Karrieremöglichkeiten, um potentielle Bewerber zu kontaktieren.

- **Qualitätssteigerung**

  Die Verbesserung der eigenen Service- oder Produktqualität ist ein Dauerthema für jedes Unternehmen. Nicht zuletzt deshalb, weil Reklamationen unglaublich viel Geld verschlingen können. Man braucht dabei nur an die Rückrufaktionen der Automobilindustrie der letzten Jahre zu denken. Eine perfekte Qualität im Herstellungsprozess zu erzeugen, ist also das Ziel. Leider wird es oftmals nicht erreicht, was zu durchaus groß angelegten internen Qualitätsoffensiven führen kann. Die Folge sind besondere Schulungsmaßnahmen, die Einführung neuer Qualitätssysteme oder Produktionsmethoden, die auch wiederum während entsprechender Informations- und Motivationsveranstaltungen nachhaltig vermittelt werden müssen.

Oft sind es ganze Veranstaltungsreihen: Kick-off-Events als emotionaler Initialzünder, auf den inhaltlich tiefergehende, flächendeckende Workshops zur effektiven Informations- und Wissensvermittlung folgen. Nach der Durchführung dieser Veranstaltungen geben regelmäßig ermittelte Qualitätskennzahlen Aufschluss über die Qualitätsverbesserung und damit auch über die Effektivität der vorangegangenen Veranstaltungen.

Von den Zielen zur Strategie und zur Konzeption

Der Zieldefinitionsprozess ist nicht einfach zu bewältigen, vor allem, wenn Sie ihn gründlich durchlaufen und tatsächlich messbare Ziele formulieren. Dieser Denkprozess ist aber ungemein wichtig, denn die Ergebnisse bilden die Grundlage für den jetzt zwingend folgenden Strategie- und Konzeptionsprozess. Zieldefinitionen helfen auch dabei, nüchtern zu betrachten, ob die geplante Veranstaltung grundsätzlich geeignet ist, um die genannten Ziele zu erreichen, oder ob sich andere Maßnahmen gegebenenfalls als effektiver oder gar wirtschaftlicher herausstellen. Zieldefinitionen zeigen auch schnell auf, ob das vielleicht bereits zuvor gewählte Event-Format mit dem Erreichen der Ziele in Einklang zu bekommen ist und ob man beabsichtigt, die richtigen Zielgruppen einzuladen oder mit dem Event anzusprechen.

Sie sehen, die Zieldefinition bringt auf vielen Ebenen einen Stein ins Rollen. Diese positive Bewegungsenergie können Sie mit in den Strategie- und Konzeptionsprozess nehmen, um auch hier zielgerichtet zu arbeiten und verwertbare Ergebnisse zu erhalten.

Was bedeutet Strategie?

Strategien leiten sich von Visionen ab. In aller Regel definieren Unternehmen eine eindeutige Vision für ihre Unternehmenszukunft. Beispielsweise können Visionen sein, „der beste Automobilbauer der Welt zu werden" oder „das serviceorientierteste Hotel Deutschlands".

Diese Visionen sind Leit- und Zielbilder, an denen sich alle Unternehmensbereiche orientieren sollen. Die Ausrichtung der eigenen Arbeit an diesem Leitbild führt zu adäquaten Strategien, die beschreiben, mit welchen Mitteln und Maßnahmen definierte Ziele erreicht werden können und man sich der übergeordneten Vision in der Realität somit annähert. Strategieentwicklung ist in jedem Unternehmensbereich notwendig, ob es sich um produktionsnahe oder um administrative Organisationsbereiche handelt. Und alle Bereichsstrategien sollten auch integrierte Kommunikationsstrategien enthalten, denn die Kommunikation zu internen oder externen Kunden, zu Mitarbeitern, Partnern, Lieferanten oder Institutionen ist immer ein Erfolgsfaktor.

In den Bereichen Vertrieb, Marketing und Unternehmenskommunikation werden Kommunikationsstrategien entwickelt, die für den Erhalt oder die Steigerung von Marktanteilen, Absatzzahlen oder Imagewerten bei definierten Zielgruppen und Märkten sorgen. Ein Instrument als Teil der Gesamtstrategie ist das Event Marketing oder das Live-Marketing. Die Vorteile der direkten Zielgruppenansprache sowie die Vorteile der herausragenden Emotionalität von Live-Events habe ich zuvor ausführlich beschrieben.

Eine wichtige Erkenntnis beim Aufbau einer Strategie ist ihre Langfristigkeit. Strategien werden nicht für Einzelaktionen und isolierte Maßnahmen aufgebaut, sondern sind komplexe Systeme, die vor allem das Ziel haben, Erfolg planbar und wiederholbar zu machen. Strategien werden zur Erfolgsstory, wenn sie reproduzierbar sind, wenn sich Erfolge systematisch wiederholen lassen. Dahinter verbirgt sich ein systemischer Ansatz (vgl. Dams/Dams 2008), der im Bereich des Live-Marketings die Ebenen Strategie, Psychologie, Sprache sowie Konzeption berücksichtigen muss.

Eine Kommunikationsstrategie im Bereich der Live-Kommunikation ist kein theoretisches Konstrukt auf der Meta-Ebene, sondern eine praxisorientierte und sehr zielgerichtete Angelegenheit. Im Sport würde man von der Entwicklung der richtigen Taktik sprechen, die zum Gewinn des Ballwechsels, des Satzes oder gar des gesamten Spiels führen soll. Die Analogie zum Sport verrät noch einen zweiten wichtigen Aspekt, der erfolgreiche Strategien kennzeichnet: Flexibilität. Die Taktik im Sport muss beweglich sein, sie muss sich schnell auf wechselnde Einflüsse von außen oder auf Veränderungen beim Gegner und seiner Taktik einstellen können. Strategien und die daraus erwachsenden Konzepte sind also keine starren Gebilde, sondern anpassungsfähige Systeme, die stets beobachtend, zielgerichtet und funktional bleiben müssen. Märkte und Produktlebenszyklen sind einem zunehmend schnellen Wandel unterworfen, Marketing- oder Produkt-Manager müssen kurzfristig auf Trends reagieren können, ohne dabei die eigene Markenstrategie zu vernachlässigen.

STRATEGIEGRUNDLAGEN FÜR LIVE-KOMMUNIKATION

1. **Kenntnis**

   Die Grundlage jeder Strategie ist Kenntnis. Die exakte, weitreichende Kenntnis der Konkurrenz sowie auch die Kenntnis der Zielgruppe. Um Nachahmung und Beliebigkeit zu entgehen, müssen Sie den Markt und seine Mitspieler kennen. Eine klare Positionierung setzt auch eine eindeutige Differenzierung voraus, auch im Bereich des Event Marketings. Pepsi Cola wird wohl kaum versuchen, Public Events an Weihnachten mit einem Pepsi-Cola-Truck zu starten und das Ganze in eine breit angelegte Kampagne einzubetten.

   Fragen Sie sich, wie gut Sie die Zielgruppe Ihrer Veranstaltung kennen. Was sind die relevanten Themen, was ist neu? Spekulieren Sie mehr darüber, was Ihre Gäste interessieren wird, oder sind sie sich dessen wirklich sicher? Wie gut kennen Sie die emotionale Seite Ihrer Zielgruppe, welche Neigungen hat sie, was denkt und fühlt sie? Wie gut kennen Sie die Sprache Ihrer Zielgruppe? Die Beantwortung dieser Fragen setzt voraus, sich intensiv mit dem Wesen und den Themenwelten Ihrer Zielgruppe auseinanderzusetzen, die Zielgruppe genau zu beobachten, um Informationen zu sammeln und über sie zu lernen.

   Kenntnis über Mitbewerber oder Zielgruppen erhalten Sie durch Beobachtung, durch Aufbau von Wissen und Verständnis. Auch durch die Analyse von statistischem Material und Berichte aus den Medien. Interviews mit einem internen „alten Hasen" oder einem langjährigen Bestandskunden werden Ihnen ebenfalls wertvolle Hintergrundinformationen liefern, die direkt oder indirekt in Ihre Strategiefindung einfließen können.

2. **Einfachheit**

Wer seine Zielgruppe in und auswendig kennt, der weiß um die richtigen Stellschrauben. Der kann Signale richtig deuten, die richtige Sprache in der Ansprache finden. Wer seine Zielgruppe sehr gut kennt, kann sich schneller und treffsicherer auf das Wesentliche, auf die richtigen Botschaften und die effektivsten Instrumente zur Vermittlung konzentrieren. Denn er wird wissen, was möglich ist und was nicht. Diese wertvolle Erkenntnis führt zu einem gesunden Pragmatismus in der Strategieentwicklung, was ein „sich Verrennen" verhindert, Ressourcen und Geldbeutel schont. Ein gesunder Pragmatismus führt oftmals ohne Umwege zu einfachen, aber dennoch kreativen Lösungen, die zum Kern der Strategie werden.

3. **Klarheit**

Ein guter Song muss auch mit der Gitarre am Lagerfeuer funktionieren! Das sagt man über große musikalische Konzepte. Und ich bin der Meinung, dass es auch für Event-Konzeptionen zutrifft. Große, tragfähige Ideen sind immer von erstaunlicher Klarheit und Einfachheit. Die textliche Beschreibung nimmt wenige Zeilen in Anspruch, verbal ist eine solch tragende Idee in ein bis zwei Minuten verbal quasi zwischen Tür und Angel rüberzubringen.

Hochkomplexe Strategien und Konzepte, für die man ein ganzes Manuskript oder Konzeptpapier mit dutzenden Seiten gelesen haben muss, um es zu verstehen, sind faktisch nicht das, was sie sein sollen. Denn vergessen wir nicht: Die Gäste der Veranstaltung müssen Botschaften und einzelne inszenatorische Elemente in kurzer Zeit verstehen und gedanklich miteinander verbinden können. Fehlt es in der Konzeptionsphase schon an Klarheit und Prägnanz, verstärkt sich dieses Problem über den gesamten Planungszeitraum. Im Grunde ist es mit dem Prinzip der „Stillen Post" zu vergleichen. Fehlende Prägnanz zu Beginn kann im Verlauf nicht ausgeglichen werden, im Gegenteil: Man entfernt sich immer weiter vom Ursprung.

In der Praxis hilft hier ein ausführliches Testen der Kernideen und der Lösungsansätze mit Hilfe eher unbeteiligter Personen. Testen Sie, wie leicht es Ihnen fällt, die Inhalte zu transportieren und wie leicht sie zu verstehen sind, indem Sie Personen, die aus der Zielgruppe stammen könnten, mit Ihrem Konzept konfrontieren. Sie werden in diesem Prozess zudem auf neue Ideen und Ergänzungen stoßen, denn Sie sammeln wertvolles Feedback.

Zutaten der Konzeption: Kreativität und gesunder Menschenverstand

Oft schon habe ich nach einer erfolgreichen Wettbewerbspräsentation vom Kunden Sätze gehört wie: „Ihr Konzept hat uns am besten gefallen!" Für mich in diesem Moment eine gute Nachricht, Auftrag gesichert!

Aber hört man genauer hin, wird auch klar, dass die Entscheidung für oder gegen ein Konzept oft im persönlichen Geschmack einzelner Entscheidungsträger begründet ist. Ich habe nicht die Absicht, das zu verändern, noch hänge ich der Illusion nach, dass sich diese oberflächliche Betrachtungsweise der von Agenturen gelieferten Event-Konzepte in Zukunft fundamental verändern wird.

Das wird im Übrigen einer der Gründe dafür sein, warum Unternehmen für die Konzeptarbeit der Agenturen oftmals gar nichts oder nur wenig bezahlen. Die Wertschätzung und das Wissen um die Bedeutung guter Konzepte sind auf Unternehmensseite vielfach mangelhaft, Pitch-Honorare sind immer noch eine Seltenheit! Glücklicherweise lehnen heute immer mehr Agenturen das honorarfreie Arbeiten an Konzepten auch im Falle von Wettbewerbspräsentationen ab. Das tun sie nicht aus Überheblichkeit, sondern sie haben wirtschaftliche Beweggründe. Denn es ist für eine erfolgreiche Agentur ohne Weiteres möglich, einen ganzen Stamm an Mitarbeitern pausenlos mit dem Erarbeiten angefragter Konzepte zu beschäftigen. Rechnet man allerdings dafür die Personalkosten hoch und hat man als Agenturchef den legitimen Anspruch, diese Aufwendungen über konkrete Aufträge wenigstens zu refinanzieren, so müssten am Ende die tatsächlich bezahlten Konzepte um ein Vielfaches teurer sein, als sie allgemein sind.

Nun sind sicherlich nicht nur die konzeptanfragenden Unternehmen für dieses Dilemma verantwortlich, sondern auch die Agenturen selbst, die einerseits zu viele unbezahlte Leistungen erbringen und damit den Wert einer Konzept- und Strategieentwicklung auf Dauer in der Wahrnehmung der Auftraggeber reduzieren. Andererseits ist auch die von Agenturen gelieferte Konzept- und Strategiequalität ein Problem. Denn so manches Papier, das sich Konzept nennt, wird dieser Bezeichnung nicht gerecht. Immer wieder erlebe ich Kunden, die sich über mangelnde Kreativität oder Konzepttiefe beschweren. Zu Recht! Denn die Aneinanderreihung von Künstlervorschlägen und Ideen für die Menüfolge, die Saaldekoration oder das Hostessen-Outfit, bildet keinen tragfähigen Kern einer Konzeption, erst recht nicht einer Kommunikationsstrategie. Solche Banalitäten sind nichts weiter als selbstverständliche Konzeptdetails, über die erst nachgedacht und entschieden wird, wenn die fundamentale Kommunikationsstrategie und die darauf aufbauende Veranstaltungskonzeption längst feststehen.

Event-Verantwortliche auf Unternehmensseite suchen im Konzept oft das Besondere, das Kreative, etwas, was noch nicht dagewesen ist. Dieser Anspruch bezieht sich auf alle unterschiedlichen Event-Bestandteile wie Veranstaltungsort, Programm, Entertainment usw. Oft haben nach meiner Erfahrung gerade solche Ideen die größten Chancen auf Realisierung, die die kommende Veranstaltung von den vergangenen Veranstaltungen am meisten abheben. Diese Strategie ist für mich nicht vollends nachvollziehbar, denn wenn ein Konzept gut funktioniert hat, sollte man es nach meiner Ansicht nicht generell in Frage stellen. Hinzu kommt, dass man auch nach einer sehr erfolgreichen Veranstaltung immer Punkte identifizieren kann, die optimierungswürdig sind.

Erfolgreiche Event-Konzepte sind in aller Regel auch kein Zufall, sondern das Ergebnis gesunden Menschenverstands und einer guten konzeptionellen wie organisatorischen Vorarbeit. Warum sollten all diese richtigen Ideen und Gedanken morgen nicht mehr gelten? Selbstverständlich bucht man nicht zweimal hintereinander die gleiche Live-Band, den gleichen Gastredner oder serviert identisches Essen. Mir geht es um den großen Überbau, um das Format und die Grundzüge der Veranstaltung. Ein gutes, tragfähiges Konzept darf man nicht am Grad seiner Kreativität messen, sondern an der Erfolgsaussicht und der Affinität zur Zielgruppe. Es geht also um zielgerichtete Kreativität und immer auch um gesunden Menschenverstand.

Zielgerichtete Kreativität lebt von besonderen Ideen, die durchaus unkonventionell sein können und überraschen. Denn besonders Überraschungsmomente emotionalisieren, weil sie faszinieren oder beeindrucken. Aus guten Ideen lassen sich nahezu alle eventrelevanten Einzelelemente ableiten, sei es die inhaltliche Ausrichtung, ein Vortragsthema, Künstlerprogramme, Catering, Musik etc.

In der initialen Ideenfindung ist man erst einmal frei im Denken. Das klingt einfach, ist es aber mitunter nicht. Besonders für diejenigen, denen es schwerfällt, die Situation, die Aufgabe aus einer anderen als der gewohnten Perspektive zu sehen. Unternehmen lassen Konzepte in aller Regel durch Agenturen entwickeln, weil sie im Denken frei sind von unternehmenspolitischen Aspekten, von Abteilungsbefindlichkeiten und – sofern darüber nicht vorher gesprochen wird – sogar gedanklich fei sind von Budgetgrenzen. Diese Freiheit fördert Kreativität und neue Denkmuster und kann durch eine Reihe von Kreativitätstechniken unterstützt werden. Es sei jedem Event Manager geraten, sich einmal ein Fachbuch über Kreativitätstechniken zur Hand zu nehmen, denn Kreativität hat und braucht durchaus Methode.

Doch trotz aller „kreativen Spinnerei" zurück zum gesunden Menschenverstand. Alle Kreativität braucht ein regulierendes Moment, um sich vor Klischees und „geistigem Abheben" zu schützen. Denn Sie sollen nicht über das Ziel hinausschießen. Konzepte mit ausgefallenen Ideen werden zwar zu Recht dank ihrer Kreativität gelobt, manchmal bewundert, aber realisiert werden sie trotzdem selten. Bleiben Sie immer nah an der Aufgabenstellung, an den zuvor aufgestellten Zielen. Fragen Sie sich: Kann ich durch die Realisierung dieses oder jenes Konzepts dem Erreichen der Ziele näherkommen? Ist davon auszugehen, dass die Zielgruppe das Konzept so positiv interpretiert, so gut versteht wie ich? Wie steht es mit der Balance zwischen Information und Emotion, zwischen Passivität und Aktivität? Wird die Veranstaltung am Ende einfach nur gut gefallen, oder motiviert sie zum nachhaltigen Handeln?

Abbildung: Die Balance in der Konzeption

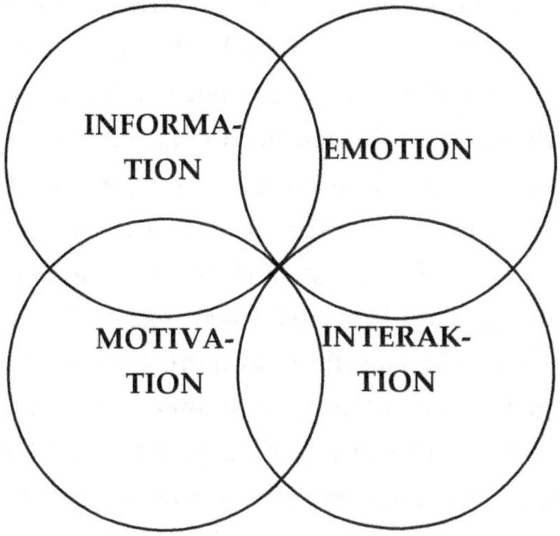

Das Prinzip der richtigen Balance folgt ein Stück weit inhaltlich der klassischen AIDA-Formel (Attention – Interest – Desire – Action). Diese Formel beschreibt auf der Grundlage von Kommunikations- und Verhaltenspsychologie vier Stufen. Es beginnt damit, auf eine Werbebotschaft aufmerksam zu werden und endet mit einer Aktion, also zum Beispiel dem Kauf eines Produkts oder einer Dienstleistung. Diese Darstellung geht von der Kommunikation über Medien aus, zum Beispiel über eine Anzeige oder einen Werbespot. Live-Kommunikation folgt anderen Mechanismen, deshalb muss Ihr Event-Konzept die richtige Balance finden zwischen den Feldern Information und Emotion, zwischen Motivation und Interaktion. Diese Felder sind aber keinem festen Prozess, also keiner zeitlichen Abfolge unterworfen, sondern entfalten ihre Kraft durch die richtige Kombination. Es sind im Grunde einzelne Zutaten oder Aromen eines gekochten Gerichts, die einander ergänzen und zur vollen Entfaltung gegenseitig bedingen. Diese Felder machen ein Event durch die strategisch kluge Kombination und durch eine Ausgewogenheit, die die Zielgruppe, den Anlass und den Ort berücksichtigt, erfolgreich.

Information und Emotion

Informationsvermittlung ist immer ein Ziel der Live-Kommunikation. Unabhängig davon, wie oberflächlich die Information auch sein mag. Ob es um die

Vermittlung zahlreicher technischer Details und Vorzüge des neuen Produkts geht oder um den Transport übergeordneter Markenbotschaften: Sie wollen mit Veranstaltungen Inhalte transportieren und müssen sich in der Konzeptphase, nachdem Ziele und Inhalte definiert sind, fragen, wie Sie im Rahmen der Veranstaltung mit der Zielgruppe am besten nachhaltig kommunizieren. Die Kommunikation von Inhalten ist aber kein isolierter Akt, kein einzelner Programmpunkt. Um Informationen nicht nur als Absender in den Raum hineinzusprechen, sondern auch dafür zu sorgen, dass sie gehört und verstanden werden, dass sie zu einer Handlung motivieren und es tatsächlich noch während der Veranstaltung oder im Nachhinein zu einer Handlung kommt, müssen viele Faktoren berücksichtigt werden. Es geht um den richtigen Moment, es geht um die richtige Sprache, es geht um die richtige Dosierung. Es geht um eine Menge Psychologie, um Gefühle wie Empathie, Vertrauen und Angst, um Neugier und Lust. Es geht um Relevanz und Meinungen, um Offenheit und Spielräume.

Veranstalter haben oft leichtes Spiel: Die Gäste können den Saal nicht verlassen, sind am Tagungs- oder Galatisch gefangen und müssen zuhören. Dieser für die Gäste leider oft unangenehme Zustand wird von so manchem Redner oder Referenten schamlos ausgenutzt. Da geht ein Redner nach dem anderen auf die Bühne, und spätestens nach der Hälfte der Zeit überwiegen Langeweile und Hunger. Nicht, dass wir uns falsch verstehen: Es gibt auch Redner, die in der Lage sind, zwei Stunden Redezeit sinnvoll und spannend zu füllen, aber von solchen Ausnahmeerscheinungen ist hier nicht die Rede.

Egal, ob die Rede des Vorstands zum 100-jährigen Jubiläum, die Ansprache des Betriebsrats bei der Betriebsversammlung, der Vortrag des Ingenieurs zum neuen technischen Produkt oder der Referent während seiner Schulungsmaßnahme: Sie alle wollen spezielle Inhalte, also Botschaften, Zusammenhänge, Pläne, Kennzahlen oder andere Informationen transportieren und tun dies oftmals vollkommen isoliert von anderen Instrumenten der Live-Kommunikation, indem sie am Rednerpult stehen und reden. Das höchste der Gefühle scheint ein Videoeinspieler zu sein, der ein Thema einleitet oder am Ende der Rede zusammenfasst. Sollte es darum gehen, möglichst viele Informationen in möglichst kurzer Zeit zu verbalisieren, so wäre das sicher ein probates Mittel. Das Ziel muss aber vielmehr sein, Kernbotschaften verständlich auf den Punkt zu bringen und nachhaltig im Gedächtnis und dem Bewusstsein der Zielgruppe zu verankern. Und das erreichen Sie nicht mit endloser Frontalbeschallung!

Enorm wichtig für die Effektivität der Informationsvermittlung ist die Menge an Informationen. Das Verhältnis zwischen neuer und bekannter Information sollte 1:9 betragen. Dann besteht die theoretisch größte Chance, Informationen im Langzeitgedächtnis der Gäste zu verankern. Zu viele neue Informationen können zur Informationsüberflutung führen, die im schlechtesten Fall in Abwehrreaktionen umschlägt.

Eine gute Methode, um den Transport von Informationen effektiver zu machen, ist der Einsatz von Bildern und Symbolsprache. Ein gutes, prominentes Beispiel für Symbolsprache ist: „Yes, we can!" Dieser symbolträchtige Satz der vorletzten Barack-Obama-Präsidentschaftskampagne fasst viele Aspekte in wenigen Worten zusammen. Emotionale Worte, die jeder sofort versteht, die jeder behält, die jeder Fan, jedes Parteimitglied während der großen Wahlkampf-Events sofort gebetsmühlenartig mitgesprochen, gerufen, geschrien hat. Sätze wie dieser bilden eine inhaltliche Klammer und spenden ein wertvolles Wir-Gefühl. Obama hat die Kraft der Sprache nicht unterschätzt, sondern gezielt eingesetzt. Der Erfolg hat ihm Recht gegeben! Hinzu kommt das mit „Yes, we can!" verbundene Ritual des gemeinsamen Sprechens.

Rituelle Handlungen, sich wiederholende Aktionen mit Symbolwirkung, die zumeist in Kombination mit Sprache funktionieren, verbinden mehr als so manches Entertainment auf der Showbühne. Die Kraft der Rituale passt gut zum Menschen als sozialem Wesen, das sich immer wohl in der Gemeinschaft fühlt und Instrumente, die ein Wir-Gefühl erzeugen, unterstützt. Diesen Umstand haben sich alle Religionen zunutze gemacht, indem sie Gebete, Gottesdienste oder andere Handlungen mit Ritualen und sich immer wiederholenden Aktionen und immer gleichen Worten und Texten anreichern.

Leider ist Sprache ein häufig unterschätztes Stilmittel. Fakt ist, dass Sprache ein wesentlicher Bestandteil der Unternehmens- und Markenkommunikation ist, und Unternehmen haben das Potential von Corporate Language noch längst nicht vollends ausgenutzt. Die Wiedererkennbarkeit von Marken muss auch durch die verwendete Sprache vor, während und nach einer Veranstaltung gegeben sein.

Das beginnt mit der Einladung und dem Veranstaltungsmotto und reicht über das gesprochene Wort während einer Begrüßungsrede bis hin zu Texten in Inszenierungen oder Musik.

Schauen wir ins Tierreich: Für viele Tierarten ist der Ruf des Kindes, seiner Eltern oder der des Partners so einzigartig, dass er aus denen von hunderten Artgenossen herausgehört werden kann. Diese Einzigartigkeit in der „Sprache", diese Unverwechselbarkeit in der Stimme muss auch das Ziel der verbalen oder textlichen Kommunikation von Marken und Unternehmen in der Live-Kommunikation sein. Das ist die Basis für Identifikation, für Vertrauen, für Interaktion. Sprache muss zum einen Dinge exakt benennen, Begrifflichkeiten müssen stimmig, eindeutig und vor allem konsistent sein. Das heißt im Umkehrschluss: Was Sie nicht benennen, existiert im Kopf des Gastes auch nicht. Es geht aber in der Sprache längst nicht nur um das sachliche „Was", sondern auch um das „Wie". Wie wird kommuniziert, wie ist der Ton? Wie ist die Qualität der Sprache? Sprache kann zum Beispiel treffend, unterhaltsam oder wortgewandt sein. Aber auch abgehoben, kompliziert und bürokratisch. Und bevor Sie im Konzept einen Redner nach dem anderen auf die Bühne schicken, macht es vielleicht Sinn, einmal über eine Alternative nachzudenken. Inhalte können zum Beispiel auch in Geschichten verpackt werden. Diese Idee ist so alt wie die Schriftstellerei, aber sie funktioniert nicht ohne Grund bis heute. Ein Erzähler aus dem Off, ein Schauspiel auf der Bühne, ein lustiger Sketch oder eine Ballett-Performance – Inhalte dürfen nicht immer nur über PowerPoint-Folien und Vorträge vermittelt werden. Andere Wege sind einzigartiger, überraschender, beeindruckender und dadurch auch nachhaltiger. Das eine kann und soll das andere nicht ersetzen, aber es gilt der Grundsatz: Die richtige Mischung macht den Erfolg aus. Über das Maß und das Verhältnis entscheiden Sie selbst mit hoffentlich geübtem und realistischem Blick auf die Zielgruppe, den Anlass und die Situation. In unzähligen Elementen Ihrer Veranstaltung spielt die Sprache eine Rolle. Sie sollten sich also mehr denn je über den Inhalt des Geschriebenen, Gesagten und Gesungenen im Klaren sein und positiv Einfluss nehmen. Orientieren Sie sich an der Corporate Language des Unternehmens, nehmen Sie dazu erfolgreiche Medien Ihres Unternehmens zu Hilfe.

Von der Sprache und den Ritualen zu den Bildern. Alles wird optimalerweise durch eine bildhafte Sprache miteinander kombiniert. Worte, die Bilder im Kopf des Zuhörers erzeugen, sind einfacher zu verstehen und gelangen schneller und nachhaltiger ins Langzeitgedächtnis. Bei der Live-Kommunikation sollten Sie deshalb Bildwelten gezielt einsetzen und sinnvoll in den Kontext integrieren. Dabei sollten Sie weder Klischees bedienen noch Plattitüden verwenden, das wirkt schnell aufgesetzt und unnatürlich. Die Holzhammer-Methode mit bereits tausendfach eingesetzten Bildern hat zu wenig Individualität, als dass sie der Einzigartigkeit Ihrer Marke oder Ihres Produkts gerecht wird. Die sich reichenden Hände als Symbol für die gute Zusammenarbeit oder die bis zum Horizont reichende Straße als Symbol für den Weg in die Zukunft – das sind austauschbare Motive, die das Potential emotionaler Bilder nicht ausschöpfen. Nachfolgend ein positives Beispiel für den Einsatz von Bildern:

Ein neues Fahrzeug sollte den Handelspartnern präsentiert werden. Ein neues Top-Modell, das die Marke aus seinem Dornröschenschlaf aufwecken sollte. Ein Modell, das aus Sicht der Marke alles hatte, was für eine Erfolgsstory nötig ist: moderne Technik, hohe Verarbeitungsqualität, richtungsweisendes Design, unschlagbarer Preis. Die bei der Veranstaltung anwesenden Händler sahen in dem Fahrzeug nicht nur ein schönes, hochwertiges und modernes Automobil, sondern vielmehr noch ihren persönlichen Erfolg. Und der war natürlich von vielen Dingen abhängig: zum Beispiel von der Markteinführungsstrategie und den daran gekoppelten Marketing-Aktionen und der geplanten Werbekampagne oder von der Vertriebsunterstützung des Mutterkonzerns. Das Event musste über all diese Maßnahmen informieren und gleichzeitig zum Aufbruch in eine neue Zukunft motivieren. Denn eines war klar: Das neue Fahrzeug war eine große Chance für die Marke, und es galt, das Vertrauen der Händler in den Erfolg von morgen zu gewinnen.

Die Agentur, in der ich damals arbeitete, ließ sich ein unkonventionelles Konzept für die Fahrzeugpräsentation einfallen, das die Attribute des Fahrzeugs mit der inhaltlichen Ebene der Ansprachen verband: Wir inszenierten die vier Elemente Feuer, Erde, Wasser und Luft. Die Veranstaltung begann mit einem Redebeitrag der Geschäftsleitung, die „das Feuer entfachen sollte". Denn wenn die Spitze des Unternehmens nicht für dieses neue Topmodell „brennt", wie soll sich dann der Rest der Marke von seiner neuen Strategie „anzünden" lassen? Am Ende seiner Rede entzündete der Vorstandsvorsitzende auf der Bühne eine große Fackel und reichte sie weiter an das nächste Element Erde, das Marketing. Hier drehte sich alles um die Marke, den Ursprung, die Grundlage von allem. So wie die Mutter Erde die Grundlage unseres Lebens ist, uns ernährt, aber auch von großer Kraft ist. Diese starken Inhalte wurden durch Live-Performances auf der Bühne und im Publikum in bewegte Livebilder verwandelt. Ein Dutzend Künstler inszenierte zum Beispiel „Stomp-artig" die Erde, Luftakrobatik stand für das Element Luft. Großleinwände tauchten den Saal zusätzlich in die Bildwelten von Feuer, Erde, Wasser oder Luft.

Dieses Beispiel zeigt, wie Bilder die zu transportierenden Inhalte emotional aufladen und dabei gleichzeitig die Wirkung erhöhen. Die bewusst gewählte Parallelwelt aus der Natur ließ treffende Vergleiche mit der Arbeitswelt, den Errungenschaften oder auch den neuen Herausforderungen zu, was die Kernbotschaften wiederum verständlicher und glaubhafter machte.

Motivation und Interaktion

Erinnern wir uns kurz an unsere Schulzeit. Wie oft waren wir unmotiviert? Hatten keine Lust, dem Lehrer zuzuhören, waren in Gedanken längst beim Freizeitprogramm für den Nachmittag oder Abend. Ja, es gab leider viele Unterrichtsstunden, die einfach unglaublich langweilig waren – und das lag nicht zwangsläufig am Stoff. Nein, es lag am Unterricht selbst. Denn es gab auch die interessanten Stunden, in denen man etwas lernte und man spürte, dass alles sinnvoll ist, das Aufpassen auch durchaus Spaß machen konnte. In diesem positiven Umfeld wurden uns Inhalte vermittelt, an die wir uns bis heute manchmal noch im Detail erinnern können. Zuweilen habe ich sogar noch die einzelnen Worte des Lehrers oder der Lehrerin in den Ohren – er oder sie hatte damals offensichtlich alles richtig gemacht! Er oder sie hatte verstanden, wie man die Schüler zum Lernen anregt, was für eine positive Motivationslage sorgt, wie man die Schüler zum Mitmachen aktiviert.

Im Grunde wollen wir als Event Manager nichts anderes, als das zu erreichen: Wir wollen während der Veranstaltung eine Atmosphäre und Situation entstehen lassen, die den Transport von komplexen Inhalten oder einfachen Botschaften und deren feste Verankerung im Bewusstsein der Gäste oder Teilnehmer ermöglichen. Ist dieser Schritt erst bewältigt, kann die erhoffte Aktion folgen, noch während der

Veranstaltung oder danach: Gäste verpflichten sich zu etwas, kaufen etwas, veröffentlichen etwas, leisten etwas. Dann wird Erfolg messbar, dann wird ein Event aufgrund seiner Effizienz auch wirtschaftlich relevant.

Die situative Emotionalität der Zielgruppe sowie die Emotionalisierung der Inhalte sind, wie bereits ausführlich beschrieben, entscheidend für den effektiven Informationstransfer. Genauso entscheidend sind zwei weitere Faktoren: Motivation und Interaktion. Menschen, die nichts leisten, die nicht in Bewegung zu versetzen sind, gelten als demotiviert. Der Trainer einer Sportmannschaft wird nicht imstande sein, einen demotivierten Spieler auf dem Spielfeld ohne Weiteres in einen motivierten Leistungsträger zu verwandeln. Denn nachhaltig motivieren kann sich am Ende jeder Mensch nur selbst! Ein guter Trainer sieht deshalb jeden seiner Spieler als Individuum und kennt die Stellschrauben, an denen er drehen kann, um dem Spieler dabei zu helfen, sich selbst zu motivieren. Hier spielt eine große Rolle, dass der Trainer seinem Spieler vertraut und ihm die gewünschte Leistung entsprechend zutraut. Dieser emotionale Halt unterstützt wie bei kleinen Kindern die Entwicklung und fördert den Mut, neue Dinge zu wagen, und führt dazu, dass man sich selbst etwas zutraut. Beste Voraussetzungen für eine hohe Motivation, Neues zu lernen und umzusetzen!

Selbstverständlich hat ein Event Manager nicht die Möglichkeit, so individuell mit den Gästen umzugehen wie ein Trainer mit seinen Schützlingen. Dafür ist die Zielgruppe oftmals schlichtweg zu groß. Aber fest steht: Es zahlt sich auf konzeptioneller Ebene auf jeden Fall aus, sich mit der Motivlage der Zielgruppe intensiv auseinanderzusetzen und Aspekte zu identifizieren, die eine Selbstmotivation fördern. Diese Selbstmotivation soll am Ende in einer Handlung münden, die eng verknüpft ist mit den Zielen, die Sie sich zu Beginn des Kreativprozesses bereits gesetzt hatten.

Ein wirkungsvolles Mittel, Menschen zu motivieren, ist Aktivität. Menschen in Bewegung zu versetzen, an etwas aktiv teilhaben zu lassen, sind beste Voraussetzungen. Menschen, die etwas tun, lernen zudem schneller und nachhaltiger. Menschen, mit denen Sie interagieren, lernen, Ihnen zu vertrauen, sie bauen eine soziale Bindung auf. Das ist zwischen Menschen und Marken nicht anders. Setzen Sie im Rahmen von Live-Kommunikation auch auf Aktionselemente, die Handlungen provozieren, die Menschen physikalisch in Bewegung versetzen. Nicht zuletzt deshalb, weil körperliche Bewegung positiv den Hormonhaushalt im menschlichen Körper verändert, was wiederum positives Denken und Selbstmotivation fördert. Dinge, die man hört, werden anders wahrgenommen und gespeichert als Dinge, die man selbst real erfährt. Kein Vortrag, kein Video über ein herausragendes Automobil kann die Probefahrt ersetzen! Der Grund ist die Überzeugungskraft multisensorischer Erlebnisse und deren nachhaltige Wirkung auf das Unterbewusstsein. Dann werden unbewusst Dinge wie „hohe Qualität" gespeichert, ohne dass man darüber ein einziges Wort über die Bühnenlautsprecher gehört haben muss.

Aktionen und Interaktionen können sehr unterschiedliche Ausprägungen haben, die längst nicht immer an einem Produkt festzumachen sind. Die Ausgestaltung ist immer abhängig vom Veranstaltungsinhalt, dem Anlass und auch der Zielsetzung. Hierzu zwei Beispiele:

Bei einem internen Führungskräfte-Event setzten wir eine aufwendige Interaktionssoftware ein, die es allen 160 Teilnehmern an 80 Computern im Plenum ermöglichte, gezielt Inhalte zu erarbeiten, Ergebnisse zu teilen und Informationen anderer weiterzuverarbeiten. Teils moderiert von der Bühne, teils in Gruppen wurden Ergebnisse erzielt, die von hoher Qualität und Aussagekraft waren. Das Ziel, zu solchen inhaltlichen Ergebnissen zu kommen, wurde erreicht, ebenso wie das Ziel, ein wertvolles Stimmungsbild zu unterschiedlichen Themen und Handlungsfeldern zu bekommen. Zusätzlich muss man davon ausgehen, dass die bemerkenswerte Offenheit des Top-Managements für die Meinungen der Teilnehmer zu aktuellen und auch teils durchaus kritischen Themen für nachhaltig steigende Motivations- und Loyalitätswerte gesorgt hat.

Bei einem anderen Kunden setzten wir einen symbolischen „Commitment Act" ein, um bei mehr als 100 Führungskräften eine nachhaltig aktive Unterstützung des weltweit einzuführenden Lean-Management-Programms zu fördern. Am Ende der zweitägigen Veranstaltung mit zahlreichen Vorträgen, Workshops, interaktiven Lernmodulen und einem emotionalen Rahmenprogramm kam es zu einer symbolischen Handlung aller Teilnehmer, die mit ihrer Unterschrift auf ein großes Motto-Poster ihre Zustimmung zum Programm und den damit verbundenen Aufgaben dokumentierten. Diese kleine Akt hat auf verhaltenspsychologischer Ebene eine große und beabsichtigte Wirkung, die auf dem Gesetz der Selbstverpflichtung beruht (vgl. Dams/Dams 2008). Demnach wird ein bestimmtes Verhalten dann wahrscheinlicher, wenn Menschen sich direkt und persönlich selbst dazu verpflichten.

Das motivierende Fazit

Event Marketing ist voller Chancen und Möglichkeiten. Die intensive Auseinandersetzung mit strategischen Grundlagen der Live-Kommunikation sowie den zielführenden Veranstaltungselementen Information, Emotion, Aktion und Interaktion auf der Konzeptionsebene ergibt in der Umsetzung eine neue Wirksamkeit Ihrer Veranstaltungen. Die Erkenntnis, dass man sich zunächst klar über die Ziele sein muss, noch bevor man zu den Konzeptionsdetails kommt, sorgt intern für ein deutlich besseres Bewusstsein dafür, dass Veranstaltungen keinen Selbstzweck erfüllen sollen, sondern ein wirksames Kommunikationsinstrument sind, das als solches genutzt und gezielt eingesetzt werden muss.

Aber keine Sorge: Es geht dabei nicht immer um die großen Strategien und noch großartigeren, kreativen Konzepte. Es sind oft Details, die den Unterschied machen und die aus Sicht Ihrer Zielgruppe dafür sorgen, dass die Veranstaltung zu einem bewegenden Erlebnis wird, das noch lange im Gedächtnis bleibt.

Werden Sie nicht müde, intern bei Entscheidern für unkonventionelle Lösungen zu werben und dafür einzutreten, bewusst neue, bessere Wege zu gehen. Ich bin überzeugt, Sie haben an dieser Stelle des Buches bereits verstanden, dass die Möglichkeiten und Potentiale der Live-Kommunikation beachtlich sind und es darauf ankommen muss, sie durch eine fundierte und zielgerichtete Ausgestaltung Ihrer Veranstaltungen zu nutzen. Es geht dabei längst nicht nur darum, den Gästen zu gefallen.

Sie machen es sich damit bestimmt nicht immer leicht, bekommen aber im Gegenzug die Chance, ein Zeichen zu setzen!

Was Sie über die Kalkulation und die Realisierungsarbeit im Event Management wissen sollten

- **Irrtum 3: „Events sind teuer!"**
  Zuverlässige Budgetierung und Kalkulationsmethoden

  Wie viel kostet ein Event? Eine solide Kalkulationsarbeit schützt Auftraggeber sowie ausführende Unternehmen vor unerwünschten Überraschungen. Wichtig zu verstehen ist, dass Events zwar einen hohen finanziellen Pro-Kopf-Aufwand haben. Wer aber nur ans Kostensenken denkt, riskiert ein Event ohne Wirkung - und das kostet mehr Geld. Fest verbunden mit der finanziellen Planung ist die Ausschreibung der benötigten Ausstattung und Dienstleistungen. Wer hier gute Arbeit macht, nimmt finanzielle Hürden schneller und gelassener.

- **Irrtum 4: „Dafür haben wir die Agentur!"**
  Aufgabenteilung und Steuerung von Agenturen

  Es grenzt schon manchmal an Fahrlässigkeit, was so alles auf dem Tisch der Agenturen landet. Agenturen sind zwar Dienstleister, aber nicht Mädchen für alles. Wer sein Heft komplett aus der Hand gibt, macht sich überflüssig und riskiert, den Überblick zu verlieren. Es ist falsch, alles selbst machen zu wollen, doch genauso falsch ist es, alles von sich wegzuschieben. Die richtige Balance führt zu einem effektiven und vor allem wirtschaftlichen Handeln und zu guten Erfolgen.

- **Irrtum 5: „Das entscheiden wir im Team!"**
  Management-Grundsätze für Event Manager

  Man kann schon manchmal den Eindruck gewinnen, dass sich jeder in der Kommunikationsbranche zum Event Manager berufen fühlt. Dabei handelt es sich um einen Beruf, für den längst nicht jedermann geeignet ist. Neben Fachwissen und einem guten Netzwerk braucht ein Event Manager Fähigkeiten auf sozialer Ebene. Und er muss auch in angespannten Momenten lösungsorientiert managen.

Ein paar Zahlen zum Nachdenken

- Anteil an Top Spendern, die die Budgettreue von Kommunikationsagenturen als gut einschätzen: 49 Prozent
(Quelle: Statista 2013b)
- Anteil an Mittelständlern, die die Budgettreue von Kommunikationsagenturen als gut einschätzen: 7 Prozent
(Quelle: Statista 2013b)
- Durchschnittliches Jahresbruttogehalt von Event Managern in Deutschland in Unternehmen mit bis zu 100 Mitarbeitern im Jahr 2011: 40.756 Euro
(Quelle: Statista 2013c)
- Durchschnittliches Jahresbruttogehalt von Event Managern in Deutschland in Unternehmen mit über 1.000 Mitarbeitern im Jahr 2011: 54.487 Euro
(Quelle: Statista 2013c)

IRRTUM 3: „EVENTS SIND TEUER!“

GRUNDLAGEN DER EVENT-KALKULATION

Der Erfolg eines Events steht und fällt auch mit der Betrachtung der Kosten. Damit fängt in der Regel alles an und hört leider alles auf. Denn auch in der finanziellen Nachbetrachtung sollte die ursprüngliche Kalkulation aufgehen, damit Sie als Event Manager auch auf dieser Ebene ganze, also professionelle Arbeit geleistet haben.

Das Thema Budgetierung ist sehr komplex, und jedes Unternehmen, jede Agentur verfährt anders damit. Auch sind Beschaffungs- und Abrechnungsprozesse unterschiedlich. Eines bleibt aber immer gleich: die verschiedenen Kostenarten einer Veranstaltung wie zum Beispiel Technik, Catering, Veranstaltungsort oder Entertainment. Kostenarten variieren selbstverständlich je nach Veranstaltungstyp, Zielgruppe und Anlass.

Viele Event Manager auf Agentur- oder Unternehmensseite tun sich mit diesem so wichtigen Teil ihrer Arbeit schwer. Und es werden hier mitunter sehr große Fehler gemacht. Ich habe es leider schon erlebt, dass Event Manager aufgrund krasser Fehlkalkulationen ihren Job verloren haben.

Ich möchte also damit beginnen, eine zwar nicht hundertprozentig exakte, aber dennoch realistische Budgetierungshilfe zu geben, mit der jeder innerhalb weniger Minuten einen groben Überblick über eine finanzielle Größenordnung der Veranstaltung bekommt. Diese Methode funktioniert dank eines einfachen Blicks auf das wirkliche Leben. Denn Dinge, die man während einer Veranstaltung als Gast erlebt, können Sie und ich normalerweise woanders für Geld kaufen. Wir nehmen einmal an, dass ein Firmenjubiläum mit 1.000 Gästen geplant werden muss. Folgende Veranstaltungselemente sind unstrittig:

- 1.000 Gäste (Kunden und Mitarbeiter mit Begleitung)
- Veranstaltungsort: geeignete Veranstaltungshalle in Berlin
- Übernachtung der Gäste im Hotel
- Bustransfer zum Veranstaltungsort
- Gala-Dinner mit fünf Gängen

- Individuelle Show in Form einer Zeitreise durch die Unternehmenshistorie
- Live-Band
- Gastgeschenk

Veranstaltungen in ähnlicher Größenordnung und mit einem vergleichbaren Programm finden in Deutschland jedes Jahr dutzende Male statt. Vielleicht haben auch Sie schon ein solches Event geplant und realisiert. Stellen Sie sich vor, Sie sitzen bei der Geschäftsleitung, um erstmalig den Plan einer solchen Veranstaltung zu besprechen. Wie immer kommt irgendwann unweigerlich die Frage auf, was so eine Veranstaltung kostet. Ich selbst kann aufgrund meiner Erfahrungswerte schnell einen Kostenrahmen „aus der Hüfte schießen", wenn man sich zunächst über das eine oder andere kostspielige Detail verständigt. Eine Party-Band verschlingt nun einmal weniger Geld als Robbie Williams.

Ich schlage Ihnen vor, einfach Folgendes zu tun: Stellen Sie sich vor, Sie würden gemeinsam mit Ihrem Lebenspartner einen ähnlichen Abend erleben. Ganz privat an einem Samstagabend in Berlin. Anstelle der individuellen Show der Jubiläumsveranstaltung setzen wir einen Musical-Besuch ein. Anstelle der Live-Band einen Bar-Besuch mit Live-Musik. Schauen wir auf die Kosten für zwei Personen:

1. Anreise (wird nicht gerechnet, zahlen die Gäste des Events selbst)	
2. eine Hotelübernachtung (5*****) im DZ	300,00 Euro
3. Taxi zum Musical	20,00 Euro
4. Eintrittskarten (zwei Personen, mittlere Kategorie)	240,00 Euro
5. Restaurantbesuch mit Fünf-Gang-Menü	280,00 Euro
6. Taxi zur Bar	20,00 Euro
7. Bar-Besuch (mit Eintritt für Live-Band inkl. Getränke)	100,00 Euro
8. Taxi zurück zum Hotel	20,00 Euro
9. Souvenir aus Berlin	15,00 Euro
Summe (für zwei Personen)	**995,00 Euro**

Der gesamte Abend bis auf An- und Abreise von und nach Berlin würde Sie und Ihren Lebenspartner in Summe 995,00 Euro kosten. Das entspricht also Pro-Kopf-Kosten von 497,50 Euro. Sofern Sie schon einmal eine kleine Städtereise im Inland mit entsprechendem Rahmen- und Kulturprogramm sowie einem kulinarischen Highlight gemacht haben, werden Sie mir zustimmen, dass die Kosten realistisch sind. Im nächsten Schritt übertragen wir die Pro-Kopf-Kosten auf die Anzahl Gäste der geplanten Jubiläumsveranstaltung. Dann erhalten wir ein erstes, grobes Gesamt-Budget von 500.000 Euro für den Abend. Sollte der Entscheider auf Unternehmensseite für seine Veranstaltung nicht mehr als 300.000 Euro einplanen wollen, so wird zu diesem Zeitpunkt schon klar, dass man im Bereich des Caterings und des Entertainments Abstriche wird machen müssen.

Ich weiß, der direkte Vergleich hinkt an der einen oder anderen Stelle. Ich liefere Ihnen aber gleich den Beweis dafür, dass diese Methode, sofern sie sich hinsichtlich des Veranstaltungstyps anwenden lässt, funktioniert. Ich würde die Veranstaltung wie folgt budgetieren. Die Einzelbeträge sind zum Beispiel bei der Hotelübernachtung oder dem Menü niedriger als bei der Privat-Kalkulation, denn wenn Sie nicht ein Stück, sondern 500 Stück von etwas einkaufen, ist ein entsprechender Rabatt logisch.

1. Veranstaltungsort (Miete, Reinigung, Personal etc.)	30.000,00 Euro
2. Mobiliar, Dekoration, sonstige Ausstattung	50.000,00 Euro
3. 500 Hotelübernachtungen (5*****) im DZ á 220,- Euro	110.000,00 Euro
4. Shuttle-Service mit Bussen	8.000,00 Euro
5. Medienproduktion (Einladungen etc.)	10.000,00 Euro
6. Individuelle History-Show	40.000,00 Euro
7. Fünf-Gang-Menü à 80,- Euro	80.000,00 Euro
8. Getränkepauschale à 35,- Euro	35.000,00 Euro
9. Veranstaltungstechnik (Licht, Ton, Bühne etc.)	80.000,00 Euro
10. Gastgeschenk à 12,- Euro	12.000,00 Euro
11. Sonstige Kosten (Hostessen, Genehmigungen etc.)	5.000,00 Euro
12. Agenturleistungen (Konzept und Organisation)	20.000,00 Euro
Summe (für 1.000 Personen)	**480.000,00 Euro**

Wenn ich auf meine Erfahrungswerte schaue, habe ich an der einen oder anderen Stelle durchaus großzügig kalkuliert. Wie gesagt, das Engagement eines berühmten Top-Künstlers oder einer bekannten Band kann diese Kalkulation stark nach oben korrigieren. Genauso können auch leicht die Kosten für den Veranstaltungsort steigen, sollte man zum Beispiel auf die Zugspitze wollen. Auch in der Hotellerie und dem Catering sind nach oben kaum Grenzen gesetzt. Ich habe ein oberes Mittelmaß angesetzt, das einer derart dimensionierten Jubiläumsveranstaltung angemessen ist. Zum Vergleich: Wir haben wir für das Privat-Beispiel auch nicht die allerbesten Platzkarten im Musical und auch nicht das Menü beim Drei-Sterne-Koch kalkuliert.

Hinzu kommt die Frage, wie mit den Agenturkosten umzugehen ist. Ich habe aus Agentursicht kalkuliert. Das bedeutet natürlich, dass neben den ausgewiesenen Konzept- und Organisationsaufwendungen zusätzliche Margen in die anderen Positionen eingerechnet sind. Sollten Sie auf Unternehmensseite diese Veranstaltung ohne Agenturhilfe durchführen, würden sicherlich 400.000 Euro für die Realisierung ausreichen. Im Fall der Agenturrealisation werden am Ende 80.000 bis 100.000 Euro auf der Agenturseite verdient und müssen entsprechend wie kalkuliert berücksichtigt werden.

Diese einfache Methode ist dazu gedacht, schnell und fundiert eine erste Einschätzung zur Kostenseite einer geplanten Veranstaltung zu geben. Welche Möglichkeiten dazu gibt es außerdem? Ratsam ist die exakte Analyse der Kostenseite vergangener Veranstaltungen. Hat Ihr Unternehmen vergleichbare Veranstaltungen schon einmal durchgeführt? Wenn ja, werden Sie hoffentlich Zugang zu einer Nachkalkulation oder zur entsprechenden Kostenstellenübersicht mit den gebuchten Beträgen bekommen. Je nach Detaillierungsgrad der Dokumentation können Sie anhand dessen besser oder schlechter die Kostenseite vergangener Events erfahren. Ich weiß, dass viele Abteilungen auf Unternehmensseite eine zum Teil beeindruckende Kreativität walten lassen, um quer zu subventionieren oder gar angefallene Kosten anders zu deklarieren, auf eigentlich unbeteiligte Kostenstellen zu verteilen und somit zu verschleiern. Solche inoffiziellen Buchungen schonen zwar das offizielle Veranstaltungsbudget, sind aber für eine saubere kostenseitige Nachbetrachtung von großem Nachteil. Diese wird dadurch schnell zur Farce. Zudem werden tatsächliche Aufwendungen offiziell zu niedrig kommuniziert, was bei Entscheidern generell eine unrealistische Sicht auf die Kosten für Events fördert. Und als Event Manager auf Unternehmensseite wollen Sie ja gerade dagegen etwas unternehmen, damit Sie professionell arbeiten können und von vornherein realistische Budgets zur Verfügung haben. Ich wünsche Ihnen also den Mut und die Professionalität, sauber und offiziell Buch über die Kosten Ihrer Veranstaltung zu führen – Sie erweisen sich und Ihrem Unternehmen damit einen wichtigen Dienst!

Und noch ein Aspekt muss in diesem Zusammenhang angesprochen werden: die internen Kosten. Ich habe Veranstaltungen erlebt, bei denen der interne Ressourceneinsatz in monetärer Hinsicht am Ende das „externe“ Veranstaltungsbudget überstiegen haben muss. Organisationskomitees mit bis zu 20 Personen über einen Planungszeitraum von über einem Jahr: Von nennenswerten internen Personalkosten war dennoch nie die Rede. Wie sinnvoll kann also die Kostenbetrachtung sein, wenn sie sich darauf beschränkt, was extern bei Agenturen, Caterern, Künstlern oder Veranstaltungshallen eingekauft wird? Wie oft schon habe ich den Satz gehört: „Das machen wir selbst, das ist uns extern zu teuer!“ Als Kaufmann muss man eine solche Sichtweise berechtigterweise in Frage stellen. Die Gesamtprojektkosten ergeben sich also aus der Summe von Selbst- und Fremdkosten.

Existieren im Unternehmen keine Erfahrungswerte aus vergleichbaren Veranstaltungen und sollten Sie sich selbst eine erste grobe Budgetierung nicht zutrauen, sollten Sie einfach einen erfahrenen Profi zu Hilfe nehmen! Kommt ein Kunde auf mich zu, schildert mir im Groben die Planung und fragt mich nach meiner finanziellen Einschätzung dazu, so kann ich ihm selbstverständlich direkt im Gespräch oder nach der Klärung einzelner Details nach wenigen Tagen eine zuverlässige Einschätzung der Kostensituation geben. Leider machen viele Ansprechpartner auf Kundenseite davon keinen Gebrauch. Es ist oft skurril: Vermeintliche Event Manager auf Unternehmensseite trauen sich, wenn es ums Kalkulieren und Realisieren geht, trotz mangelnder Erfahrung geradezu alles zu. Der Grat zwischen Vernunft und Unvernunft oder gar Überheblichkeit ist aber gefährlich schmal. Fest steht doch: Niemand gibt sich die Blöße, wenn er einen Fachmann zu Hilfe nimmt. Erst recht nicht, wenn dafür keine relevanten Kosten anfallen. Ich versuche einem Automobilbauer schließlich auch nicht zu erklären, wie man Autos entwickelt, designt oder baut. Sie müssen sich immer klar machen, dass die Budgetierung zu Beginn des Projekts steht. Fehler oder Versäumnisse in dieser frühen Phase sind später schwer auszubügeln.

Damit Sie hinsichtlich der Projektkosten entsprechend vorausschauend und richtig handeln, sollten Sie zuverlässig alle anfallenden Kostenarten sammeln und in ein transparentes Kostenschema übertragen. Hierzu bietet sich eine Kalkulationssoftware wie Microsoft Excel an. Hier können Sie leicht Formeln hinterlegen und mit wenigen Handgriffen die Kalkulation auf dem aktuellen Stand halten, sollten sich die Rahmenbedingungen oder Kosten im Projektverlauf ändern. Diese Veränderungen können zum Beispiel durch eine wachsende oder schrumpfende Teilnehmerzahl hervorgerufen werden – entsprechend steigen oder sinken zum Beispiel die Kosten für die Bestuhlung oder das Catering.

Die Etat-Reserve

Veranstaltungen sind dynamische Projekte. Viele Menschen sind an der Planung und Realisation beteiligt. Viele Führungskräfte auf Veranstalterseite wollen früher oder später Einfluss nehmen, kommen auf neue Ideen, äußern Sonderwünsche.

Sie können weder von vornherein alles wissen noch werden Sie bis ins kleinste Detail an alles gedacht haben. Lieferanten werden mit neuen Ideen und Vorschlägen kommen, die Sie hier und da annehmen wollen. Der Chef kommt noch auf die Idee eines besonderen Gastgeschenks. Beim Outdoor-Event kündigt sich schlechtes Wetter an, für das Zelt muss nun doch noch eine Heizung bestellt werden. Die Liste an Optionen, die für nicht kalkulierte Kosten sorgen, ist unendlich lang. Es kann nicht der Anspruch sein, alles vorherzusehen. Es muss vielmehr der Anspruch sein, in Form einer Etat-Reserve vorzusorgen. Ich empfehle Ihnen, eine feste Etat-Reserve von 15 Prozent einzuplanen. Schreiben Sie diese Position wörtlich in Ihre Kalkulation und tragen Sie diesen Wert in Euro ein, als stünden schon definierte Leistungen eines Lieferanten dahinter. Wenn Sie dieses Geld nicht brauchen, können Sie froh sein und am Ende noch die eine oder andere Option ziehen: doch Champagner anstatt Prosecco beim Get Together. Oder Sie unterschreiten am Ende erfolgreich die Budgetvorgabe: Wer schafft das schon? Aus Erfahrung kann ich Ihnen aber versichern: Höchstwahrscheinlich wird das Geld vor Beginn der Veranstaltung verplant sein. Für Dinge, die sich nicht von Beginn an auf der Rechnung hatten!

DIE KOSTENARTEN

Ich differenziere die Kostenarten in Vorbereitungs-, Durchführungs- und Produktionskosten sowie in Nachbereitungskosten. Übernehmen Sie die komplette Aufstellung als Checkliste in Ihr Kalkulationsschema. Dadurch stellen Sie sicher, dass die wesentlichen Punkte finanziell und organisatorisch berücksichtigt werden. Die nachfolgenden Kostenarten sagen noch nichts darüber aus, wer diese Kosten verursacht. Hier gibt es oftmals mehrere Möglichkeiten in der Realisierung, auf die ich an späterer Stelle im Buch eingehe. Einige Kostenarten tauchen mehrmals auf, weil sie inhaltlich der Vollständigkeit halber an diesen Stellen jeweils in den Kontext gehören.

1. Vorbereitungskosten

Kostenart	**Einzelleistungen**
Konzeption	• Konzepthonorar für Ideenfindung und Ausarbeitung von Event-Design, Dramaturgie, Kommunikationskonzept, Programm etc. Bei Ausschreibungen sollte für das präsentierte Konzept ein angemessenes Pitch-Honorar gezahlt werden (nachfolgende Punkte sind üblicherweise eingeschlossen). • Briefing, Recherche, Vorreise zu optionalen Veranstaltungsorten • Text, Grafik • Visualisierungen / 3D-Animation • Modellbau
Einladungs-procedere	• Entwurf für ein- oder mehrstufiges Einladungsprocedere mit Brief, Einladungskarte etc. • Druck, Konfektionierung und Versand • Telefonhotline (zur Beantwortung von Fragen potentieller Gäste oder Teilnehmer) • Event-Homepage (ggf. mit Registrierungs- und Bezahlmöglichkeit) • Übersetzungsleistungen
Kommunikation	• Event-PR

Kostenart	Einzelleistungen
	• Ankündigende Werbung durch Plakatkampagne oder Rundfunkspots, zum Beispiel bei POS-Events. (siehe auch Medienproduktion) • Übersetzungsleistungen

2. Durchführungs- und Produktionskosten

Kostenart	Einzelleistungen
Veranstaltungs-ort	• Miete, Bereitstellungskosten • Nutzung der vorhandenen Haustechnik • Anmieten von Förderfahrzeugen wie Stapler, Steiger, Scherenbühnen • Personalkosten für z. B. Haustechniker, Garderoben, WC-Reinigung und -Betreuung • Bestuhlung oder Möbel, falls vorhanden • Brandwache, Sanitätsdienst, Security • Medienversorgung und Verbrauchskosten (Strom, Wasser, Internet) • Entsorgung, Reinigung • Versicherungen
Ausstattung des Veranstal-tungsorts	• Mobiliar (Tische, Stühle, Stehtische, Barhocker, Loungemöbel etc.) • Dekoration indoor / outdoor (z. B. Pflanzen, Banner, Fahnen) • Teppichboden, Tanzboden • Beschilderungen • Akkreditierungsbereich mit Tresen, Technik etc. • Personal • Transport und Logistik
Erschließung	• Bei Veranstaltungen an Orten ohne ausreichende techni-sche- oder räumliche Infrastruktur • Geländeerschließung

Kostenart	Einzelleistungen
	• Zeltbau, Zeltausstattung wie z. B. Teppichboden • Stromaggregat, Diesel, Unterverteilung • Heizungs- oder Klimaanlage • Verkehrserschließung, Kies, Planierungsarbeiten • Parkplätze, Absperrungen, Beschilderungen • Bauanträge, Statiker, Genehmigungskosten • Feuerwehr, Brandwache • Personal • Transport und Logistik
Bühnenbau	• Podesterie oder Individualbau • Integrierte Beleuchtung • Sonstige Bühnentechnik wie elektrisch fahrbare Elemente • Bühnenbelag • Backstage-Bereich mit für Künstler notwendiger Ausstattung • Bühnenkaschierung, Treppen • Dekorationselemente (hängend, stehend) • Vorhänge, Backdrop • Rednerpult, Bühnenmöbel, z. B. für Talkrunde • Hängepunkte, Motoren, Traversen, Stromverteilung, Steiger, Scherenbühne • Personal • Transport und Logistik
Tontechnik	• Tonanlage (oft an mehreren Stellen indoor / outdoor) • Mikrophonie • Monitoring • Pulte und Zuspielgeräte (CD-Player etc.) • Audio-Aufzeichnung (z. B. von Vorträgen) • Hängepunkte, Motoren, Traversen, Stromverteilung, Steiger, Scherenbühne • Personal • Transport und Logistik

Kostenart	Einzelleistungen
Konferenz-technik	• Dolmetschertechnik (Kabinen, Technik, Empfänger) • Dolmetscher • iPods / iPads als Dialogtechnik • Voter (TED) • Internetverbindung, W-LAN, Netzwerk-Installation inkl. Hardware • Computer mit Zubehör für Gruppenarbeit • Dialog- oder Crowd-Sourcing-Software mit entsprechender Programmierung, Vorbereitung und Betreuung vor Ort während der Veranstaltung. • Ausstattung Tagungsbüro mit Computer, Drucker, Fax, Kopierer, Material (Papier, Toner etc.) • Personalkosten • Transport und Logistik
Lichttechnik	• Bühnenlicht • Effektlicht (farbige, bewegte Scheinwerfer) • Sonstige Ambiente-Beleuchtung zur Illuminierung des Veranstaltungsorts • Architekturlicht outdoor • Notlicht, beleuchtete Notausgangsschilder • Hängepunkte, Motoren, Traversen, Stromverteilung, Steiger, Scherenbühne • Personal • Transport und Logistik
Video- und Projektions-technik	• Projektoren, Objektive • Leinwand • LED-Wand oder Großmonitore, Monitorwand • Monitore (z. B. zur Chartvorschau auf Bühne) • Videoregie (Zuspielgeräte, Software, Pulte) • Recording-Technik (Bild-Aufzeichnung) • Bei Live-Übertragung an andere Standorte: Satellitenstrecke, Ü-Wagen, Videokonferenzanlage, Internet

Kostenart	Einzelleistungen
	• Kamerazüge, Kamerapersonal für Live-Bild, Rednerübertragung oder Aufzeichnung • Teleprompter als Rednerunterstützung • Hängepunkte, Motoren, Traversen, Stromverteilung, Steiger, Scherenbühne • Personal • Transport und Logistik
Sonstige Technik	• Pyrotechnik (indoor / outdoor) • Lasershow • Sonstige Effekte wir Nebel oder Glitter-Bomben • Personal • Transport und Logistik
Catering	• Speisen (Gäste, Veranstalter, Crew, Künstler, VIP) • Getränke (nach Verbrauch oder Getränkepauschale) • Küchenausstattung • Service, Servicekleidung • Bartresen, Kühlschränke, Zapfanlagen • Mobiliar (Tische, Stühle etc.) • Tischdekoration, Tischwäsche • Menükarten, Platzschilder • Geschirr, Gläser, Besteck, Serviette
Ausstellungsbau	• Exponate • Mobiliar • Messebau • Ton-, Video- und Lichttechnik • Gestaltungs- und Designleistungen • Architektur-Entwurf • Planungsleistungen • Statik und Genehmigungen • Personal • Transport und Logistik

Kostenart	Einzelleistungen
Show-produktion	• Showkonzeption (Idee / Story, Szenographie, Choreographie, Text- und Bildentwicklung) • Regisseur • Bühnenbild, Requisite • Kostümdesign und -produktion • Maskenbildner, Visagist, Stylist • Versicherungen • GEMA • Lizenzen für Musikrechte, Bilder- oder Video-Footage
Künstler	• Gagen für Proben und Auftritt • Künstlersozialkasse • Ausländersteuer • Catering • Garderobenräume • Übernachtungs- und Reisekosten
Moderation	• Gage für Moderator / -in • Entwicklung desModerationsleitfaden (ggf. Übersetzungsleistungen) • Referentenhonorare • Reise- und Übernachtungskosten • Garderobenräume, Ausstattung • Catering • Visagist, Stylist
Medienproduktion Video	• Videoproduktion für Videozuspieler, Video-Jingles, Produktfilme, Schulungsfilme, sonstige Erklärvideos etc. Konzeption, Drehbuch, Text, Storyboard, Animatic • Produktionskosten (Kamera-, Ton- und Lichttechnik, Set-Bau, Studiomiete) • Mieten für Drehorte • Schauspieler, sonstige Darsteller • Maskenbildern, Visagist, Stylist

Kostenart	Einzelleistungen
	• Kleidung, Requisite, sonstige Set-Ausstattung • Post-Produktion (Grafik, Schnitt, Vertonung, Anlegen von Fremdsprachenfassungen, 2D- / 3D-Animation) • Musik (Lizenzen, GEMA, Komposition) • Bilder- oder Video-Footage • Off-Sprecher-Gagen, Übersetzungsleistungen, Tonstudio • Personal • Transport und Logistik • Reise- und Übernachtungskosten
Medien-produktion Drucksachen	• Produktion von Einladungskarten, Flyern, Plakaten, Festschriften, Jubiläumsbüchern, Pressemappen sowie sonstigem Pressematerial • Konzeption • Texterstellung und Übersetzungsleistungen • Bildlizenzen für Footage-Kauf • Foto-Shooting (Fotograf, Crew, Models, Ausstattung, Kleidung, Requisiten, Shooting-Location, Maskenbildner, Visagist, Stylist etc.) • Grafik-Design • Druckkosten, Konfektionierung, Versand • Umschläge, Verpackung, Porto
Gäste- und Teilnehmer-Management	• Formulare oder Online-Tools zur Registrierung • Software zur internen Teilnehmererfassung • Versenden von Teilnahmebestätigungen (Druck, Konfektionierung, Porto) • Abwicklung des Zahlungsverkehrs, Ausstellung von Rechnungen • Namenschilder, Lanyards / Schlüsselbänder • Programmhefte, -Flyer • Tagungstaschen, -Mappen mit Stiften, Blöcken etc. • Hostessen, Hosts, sonstiges eigenes oder fremdes Personal, Kleidung

Kostenart	Einzelleistungen
	• Eigener Hotel-, oder Flughafen-Counter • Telefonhotline für Rückfragen • Social-Media-Anwendungen vor Ort / via App • Transfers (Taxi-Stand, Pkw, Vans, Busse etc.) • Rahmenprogramm (z. B. für Begleitpersonen) • VIP-Betreuung, Sondertransfers, Limousinen-Service
Presse	• Presseeinladung • Pressebetreuung vor Ort, Einrichten einer Presse-Lounge • Ausrichten einer vorgelagerten oder in die Veranstaltung integrierten Pressekonferenz • Pressemappen, Produktion von Foto- und Videodokumentation (siehe auch Medienproduktion) • Hotelübernachtungen
Dokumentation	• Fotograf • Video-Crew für Event-Dokumentation / Making-of Fotobücher, Sonderausgabe Mitarbeiter- oder Kunden-zeitschrift, sonstige Dokumentationsmedien • Gestaltungs- und Produktionsleistungen • Pressemitteilung, sonstige PR-Arbeit
Gebühren / Versicherungen	• Gebühren für Bauanträge oder Anträge auf Nutzungs-änderungen von Räumlichkeiten / Hallen • Behördliche Bauabnahme • Verkürzung der Sperrstunden • Ausschankgenehmigung • Veranstalter-Haftpflicht • Kurzfristige Elektronikversicherung • Versicherung des Veranstaltungsausfalls • Brandwache, Sanitätsdienst • Finanzierungskosten wir Kredite oder Bankbürgschaften
Sonstige Kosten	• Hotelübernachtungen (Crew, Gäste, Veranstalter) • Hostessen / Hosts

Kostenart	Einzelleistungen
	• Security (Zugangskontrollen, Sicherheitsbauten, Gelände- oder Exponatbewachung) • Shuttle-Service • VIP-Betreuung, VIP-Geschenke • Geburtstags-, Gast- oder Redner-Geschenke • Give Aways, Streuartikel • Awards, Urkunden, Medaillen etc. • Brandwache, Sanitätsdienst • Absperrungen, Polizeidienste • Parkplatz-Mieten, Parktickets • Zoll (z. B. bei Einfuhr von Technik oder Ausstattung) • Pauschalbesteuerung von für Gäste kostenlosen Leistungen (Relevanz abhängig von Branche, Zielgruppe, Anlass oder Ort) • Etat-Reserve (15 Prozent)

3. Nachbereitung

Kostenart	Einzelleistungen
Kommunikation	• Dankesschreiben an Gäste, Redner, VIPs • Sonderausgabe Mitarbeiter- oder Kundenzeitschrift • Pressemitteilung, sonstige PR-Arbeit • Inter- sowie Intranet-Beitrag • Presse-Clipping, Medienresonanzanalyse • Gästebefragung postalisch oder per Telefonumfrage, Auswertung

Fluch und Segen: Ausschreibung und Einkauf

Jedes Unternehmen hat eigene Einkaufsprozesse und Einkaufsregularien. Sie variieren hinsichtlich des Einsatzes von Rahmenverträgen oder Einzelprojektverträgen, hinsichtlich der Ausschreibungsgrenzen, oberhalb derer zwingend eine Ausschreibung mit einer Mindestanzahl an Anbietern durchgeführt werden muss und hinsichtlich der Auswahlkriterien und des Grad des Einflusses der Fachabteilungen, die der Urheber der Veranstaltung sind. Großunternehmen verwenden meistens Warenwirtschaftssysteme wie SAP, die den Einkaufsprozess mitunter stark bürokratisieren. Oftmals ist der Einkauf selbst für die letztendliche Auswahl der Dienstleister verantwortlich und verhandelt auch final die Preise. Hinter dem Zwang, ab einer für Veranstaltungen kleinen Budgetgrenze eine Ausschreibung durchzuführen, verbirgt sich viel Sinn und Unsinn.

Sinnvoll erscheint eine Ausschreibung natürlich aus kaufmännischer Sicht. Unternehmen – insbesondere die Einkaufsabteilung – sind bemüht, externe Dienstleistungen oder Sachgüter preiswert einzukaufen. Dagegen ist logischerweise nichts einzuwenden. Allerdings ist vor diesem Hintergrund dann aus meiner Sicht vollkommen unverständlich, warum oftmals gleiche oder vergleichbare Veranstaltungen immer wieder aufs Neue ausgeschrieben werden müssen.

Nehmen wir das Beispiel einer Jahres-Kick-off-Tagung eines Möbelherstellers, die jedes Jahr aufs Neue im Januar von der Vertriebsabteilung durchgeführt wird. Das Budget liegt immer bei ca. 300.000 Euro. Die interne Ausschreibungsgrenze liegt bei 50.000 Euro. Was tut also der Vertrieb richtigerweise? Er schaltet Jahr für Jahr die Einkaufsabteilung ein, die daraufhin eine Ausschreibung plant und im SAP anlegt. Nun ist eine Vertriebstagung aber nicht mit dem Einkauf von Schrauben für die eigene Möbelproduktion zu vergleichen, denn Schrauben sind ein vergleichsweise homogenes Produkt. Ein Preis- oder Rabattvergleich mit einer ganzen Reihe von Schraubenproduzenten fällt also leicht. Hat man sich erst einmal für eine bestimmte Schraube von einem bestimmten Schraubenproduzenten entschieden, liefert der nicht nur einmal Schrauben, sondern wahrscheinlich über Jahre hinweg immer wieder das gleiche Material. Hierüber werden zwischen dem Möbelhersteller und dem Schraubenproduzenten Verträge geschlossen, die einen bestimmten Stück-, Gebinde oder Kilopreis definieren. Das ist aus kaufmännischer

Sicht richtig, denn bei langfristig geplanten, sich wiederholenden Lieferungen ist der Preis deutlich niedriger als bei einer einmaligen Lieferung.

Anders im Fall der Tagung: Die Event-Agentur, die die Ausschreibung der Jahres-Kick-off-Tagung für sich entscheidet, liefert nur eine einzige Veranstaltung. Ein Jahr später muss sie erneut an der Ausschreibung teilnehmen, weil das Budget dann wieder die intern festgelegte Größe überschreitet, ab der ausgeschrieben werden muss. Für den Fall aber, dass man mit dem Ergebnis der Agentur zufrieden ist und die Tagessätze für Dienstleistungen nicht angehoben werden, macht eine erneute Ausschreibung ein Jahr später gar keinen Sinn! Oder traut man der Agentur keine erfolgreiche zweite Veranstaltung zu? Dann hätte man sie beim ersten Mal schon nicht beauftragen dürfen. Glaubt der Fachbereich oder Einkauf etwa, die guten Ideen für die Programmgestaltung waren Glücksmomente im Arbeitsalltag von Agentur-Projektleitern oder Kreativdirektoren?

Viel sinnvoller wäre doch, einen Vertrag für die kommenden zwei oder drei Veranstaltungen mit der Agentur auszuhandeln. Dann würde der Einkauf nicht über ein Gesamtauftragsvolumen von 300.000 Euro, sondern von 900.000 Euro sprechen. Wer regelmäßig mit Agenturen zusammenarbeitet, sollte wissen, dass das ein sehr großer Unterschied für Agenturen ist. Entsprechend groß wird die Bereitschaft sein, die Agenturleistungen für Konzeptions- und Organisationsleistungen zu rabattieren. Nehmen wir einmal an, die Agenturleistungen betragen 20 Prozent des Kick-off-Veranstaltungsbudgets. Bei drei Einzelvergaben in Höhe von 300.000 Euro würde das eine Summe von insgesamt 180.000 Euro nur für Agenturleistungen ergeben. Würde das Unternehmen im Vergleich dazu direkt drei Veranstaltungen bei der Agentur ihres Vertrauens beauftragen, ließen sich die Agenturleistungen sicherlich leicht um 15 bis 20 Prozent, also um ca. 30.000 bis 40.000 Euro senken. Diese Rabattierung wird der Agentur leicht fallen, denn sie weiß im Gegenzug auch, dass sie nicht zwei weitere Male durch die Wettbewerbspräsentation muss, was einen vergleichbar hohen internen Aufwand bedeutet. Das wiederum heißt aber keinesfalls, dass automatisch Qualität oder Kreativität nachlassen!

Diese Ersparnis ist längst nicht alles, was durch ein derartiges Einkaufverhalten möglich wäre: Sie dürfen den internen Ressourcen-Aufwand nicht vergessen, der notwendig ist, um eine Ausschreibung für eine solch komplexe Angelegenheit abzustimmen und zu formulieren. Ungeachtet dessen, dass natürlich auch auf

Agenturseite eine Menge Arbeit entsteht. Dann müssen sich der Fachbereich und der Einkauf Zeit nehmen, um den Agenturpräsentationen beizuwohnen. Zudem müssen die gelieferten Angebote und Konzepte verglichen und analysiert werden, um zu einem Ergebnis zu kommen. Alles Aufwand, der sich reduzieren lässt – natürlich nur sofern man mit der bereits betreuenden Agentur grundsätzlich zufrieden ist. Verstehen Sie mich nicht falsch: Ich bin immer für Wettbewerb und stelle mich gerne jeder Herausforderung im guten Wissen um die eigene, hohe Kreativität und Qualität. Stellt man aber den Einkaufserfolg in den Vordergrund – und ich bin überzeugt davon, das machen die Einkaufsabteilungen –, dann wird leider oftmals falsch und kurzsichtig gehandelt. Und noch ein Aspekt darf nicht unberücksichtigt bleiben: Wer auf Unternehmensseite immerzu die Kostenseite in den Vordergrund stellt, der wird sich nicht zwangsläufig für das bessere Konzept entscheiden. Und darunter kann der Erfolg der Veranstaltung leiden! Diese Negativerscheinung tritt besonders in Ausschreibungen ohne klare Budget-Vorgaben für die Agenturen auf. Dann kalkulieren Agenturen „ins Blaue hinein". Das Resultat sind Konzepte und Angebote, die überhaupt nicht vergleichbar sind. Und das führt uns zwangsläufig zu der kritischen Frage, was für eine Berechtigung dann eine Ausschreibung überhaupt noch hat.

Hinzu kommt die Tatsache, dass Veranstaltungen, die im Bündel bei ein und derselben Agentur beauftragt werden könnten, nicht zwingend von gleicher Art sein müssen. Auch können hinter den einzelnen Events im Unternehmen durchaus unterschiedliche Auftraggeber, also verschiedene Fachbereiche stehen. Es geht einfach nur darum, der Agentur eine Auftragssicherheit zu geben – nicht mehr und nicht weniger als das, was der Schraubenproduzent auch will und auch bekommt. Und wer aufgrund mangelnder Sicherheit für das Unternehmen gegen diese Vorgehensweise argumentiert: Man kann die Durchführung der Folgeveranstaltungen auch an definierte Ziele knüpfen und sich zudem vertraglich vor Honorarzahlungen im Falle einer Absage der Veranstaltung schützen.

In der Praxis begegne ich leider sehr selten einem so vorausschauenden und partnerschaftlichen Handeln auf Unternehmensseite. Die Chance auf diese „Win-win-Situation" wird aus Unwissenheit vertan, oder aber interne Regularien lassen diese vernünftige Vorgehensweise nicht zu. Aber vielleicht versuchen Sie, das ab morgen zu ändern?

DAS MOTIVIERENDE FAZIT

Zahlenwerke sind nicht jedermanns Sache! Bei der Realisierung von Events geht es so oft um spannende und emotionale Dinge, die kaufmännische Arbeit gehört sicherlich nicht dazu – da kann ich jeden Projektmanager auf Unternehmens- oder Agenturseite verstehen. Aber eine solide Kalkulations- und Verhandlungsarbeit mit Lieferanten ist ein Erfolgskriterium. Schließlich muss die Budgetreue in der Nachbetrachtung immer auch ein Erfolgsindikator sein. Es darf nicht sein, dass Erfolge am Ende des Tages durch massives Überschreiten von Budgets „erkauft" werden. Wer kaufmännisch geschickt handelt, kann mehr aus seinem Budget machen. Setzen Sie auf feste Partnerschaften, um gute Preise zu erzielen. Wenn Sie fair mit ihren Lieferanten umgehen, dann können Sie in der Abrechnung auch Fairness und Entgegenkommen erwarten. Sie verhandeln gemeinsam mit dem Einkauf besser langfristig geltende Verträge, Zahlungsziele und Skontoregelungen aus, als bei jeder Veranstaltung einen neuen Partner vor sich zu haben. Damit riskieren Sie nicht nur das „schlechtere" Geschäft, sondern auch die Qualität Ihrer Veranstaltungen.

Der Einkauf ist hilfreich, steckt aber in aller Regel nicht voller Event-Spezialisten. Es geht eben nicht darum, Schrauben einzukaufen, sondern vor allem um Verlässlichkeit, Partnerschaftlichkeit, Loyalität, Kreativität und Professionalität. Und das sind genau die Dinge, die Sie in keinem Angebot finden!

Irrtum 4: „Das machen wir selbst!“

Nachdem Sie in den ersten drei Irrtümern erfahren haben, wie und warum Live-Kommunikation ihre Wirkung entfaltet und wie Veranstaltungen zu budgetieren sind, wird es nun operativer. Dabei geht es zunächst um die Frage, wie ein Veranstaltungsprojekt aufzusetzen ist. Schon zu Beginn der Umsetzungsarbeit muss feststehen, welche Aufgaben vom Unternehmen selbst und welche von einer Agentur oder einem anderen, externen Dienstleister übernommen werden. Die Entscheidung für die richtige Aufgaben- und Arbeitsteilung ist eine relevante Weichenstellung für den gesamten Projektverlauf. Dabei kommt es auf die richtige Balance zwischen eigener Umsetzungsarbeit und dem Delegieren unterschiedlicher Aufgaben an Mitglieder des internen Teams oder an eine Agentur an. Und es geht in diesem Zusammenhang auch darum, treffsicher zu erkennen, an welcher Stelle die eigene Kompetenz für anstehende Aufgaben, das Lösen von Problemen oder die Beurteilung bestimmter Situationen nicht mehr ausreicht.

„Das machen wir selbst!" ist ein weit verbreiteter Irrtum. Er entsteht oft durch einen mitunter übertriebenen und kurzsichtigen Sparzwang. Der Irrglaube besteht darin, viel Geld sparen zu können, wenn man viel selbst macht. Viel hilft aber nicht immer viel. Hier wird die Rechnung ohne das Lehrgeld gemacht. Und ohne den internen Ressourcenbedarf. Genauso gut könnte der Irrtum aber auch lauten: „Das macht alles die Agentur!" Ich erlebe Kunden, die beinahe alles – auch nahezu die gesamte Verantwortung – von sich weg hin zur Agentur schieben. Das mündet meiner Ansicht nach durchaus auch schon einmal in Fahrlässigkeit, denn hier werden Dinge der Agentur überlassen, die sie mitunter zum Beispiel inhaltlich nicht leisten kann.

Ganz gleich, ob beinahe nichts oder eigentlich alles an eine Agentur delegiert wird: Beides sind Extreme. Und Extreme sind bekanntermaßen selten erfolgversprechend. Es kommt also auf die richtige Balance bei der Zusammenarbeit an, die zielführend ist und bei der alle Aufgaben so verteilt sind, dass sie optimal bewältigt werden.

Was trauen Sie sich zu?

Alles beginnt mit der persönlichen Reflexion. Aus meiner Sicht ist gutes, erfolgreiches Event Management vor allem eine Sache der persönlichen Erfahrung im Bereich des Projektmanagements. Es geht in der Mehrheit gar nicht so sehr um kreatives Denken und Handeln, sondern vielmehr um gesunden Menschenverstand. Event Management ist vor allem erst einmal Projektmanagement.

Ich möchte Ihnen an dieser Stelle keinen Grundkurs in Projektmanagement vermitteln, aber dennoch klar machen, dass ein solides Vorwissen über Methoden, Techniken und Tools im Bereich des Projektmanagements sehr hilfreich für die Arbeit eines Event Managers ist. Glauben Sie, dass Ihre bislang gesammelte Projektmanagement-Erfahrung nicht für die komplexen, zahlreichen Aufgaben innerhalb des Projekts und für die notwendige Teamsteuerung ausreicht, dann kann es durchaus eine Option sein, sich im Bereich des Projektmanagements fortzubilden.

Wichtig zu erkennen ist also die persönliche Grenze der fachlichen Kompetenz sowie der persönlichen Belastbarkeit. Normalerweise geht es dabei um Überforderung anstatt um Unterforderung. Eine Überforderung kann sich schnell in der zeitlichen Beanspruchung einstellen. Hier müssen Sie sehr realistisch einschätzen, was neben Ihren täglichen Aufgaben in Ihrer Abteilung im zusätzlichen Veranstaltungsprojekt zu leisten ist. Gegebenenfalls sollten Sie bei der Übernehme eines Veranstaltungsprojekts zumindest einen Teil Ihrer Aufgaben mit Rücksprache des Vorgesetzten an andere Abteilungs- oder Teammitglieder delegieren. Das klingt für Sie logisch und naheliegend, ich weiß aber, dass es in der Praxis leider oft anders aussieht. Hier wird der Aufwand für die Realisierung einer Veranstaltung besonders in Fachbereichen, die sich nicht ausschließlich mit Event Management beschäftigen, unterschätzt. Zudem sind Vorgesetzte der Meinung, die Mitarbeiter könnten eine Veranstaltung ganz nebenbei organisieren und ansonsten „Business as usual" abliefern. Unabhängig von der sich zwangsläufig einstellenden Überforderung einzelner Personen wird hier der erfolgreiche Projektausgang riskiert. Denn eines dürfen Sie niemals vergessen: Sie haben für die erfolgreiche Durchführung der Veranstaltung nur einen einzigen Versuch!

Ich bemerke auf Unternehmensseite auch eine klare Entwicklung hin zu immer kurzfristigeren Planungshorizonten. Meine Agentur wird mitunter vor die Aufgabe gestellt, eine Presseveranstaltung für 500 Gäste innerhalb einer Woche zu organisieren. Man kann jetzt lange darüber spekulieren, warum das so ist und an welcher Stelle schlecht oder offensichtlich gar nicht geplant wird. Das vorgenannte Beispiel ist sicherlich extrem und kann nicht stellvertretend für den Normalfall stehen, aber fest steht: Wer sich heute auf das Event Management einlässt, der wird immer mehr in immer kürzerer Zeit leisten und lernen müssen.

Ein Schlüssel für die Bewältigung komplexer Aufgaben unter oftmals schwierigen zeitlichen oder ressourcenseitigen Rahmenbedingungen ist ein funktionierendes, zuverlässiges Netzwerk an internen Partnern und externen Dienstleistern. Schon zu Beginn des Projekts müssen Sie sich über eine sinnvolle und an den wirtschaftlichen Möglichkeiten orientierte Aufgabenverteilung Gedanken machen. Auch wenn kein Veranstaltungsprojekt wie das andere ist: Aufgabenbereiche wiederholen sich. Es gibt immer gute Gründe dafür, etwas selbst zu tun oder es bewusst auszulagern:

Gründe, die für die Auslagerung von Leistungen sprechen:

- Sie verfügen nicht über die personellen Ressourcen, Aufgaben selbst zu bewältigen. Deshalb macht es Sinn, komplette Organisationsblöcke wie zum Beispiel das Teilnehmermanagement an einen externen Partner zu vergeben.
- Eine interne Organisation oder Lieferung von Ausstattung wäre teurer, als sie von externen Partnern vornehmen oder liefern zu lassen. Das kann zum Beispiel der Fall sein, wenn ein interner Werks-Caterer Speisen und Getränke für die Veranstaltung liefern soll, im Preis aber über externen Anbietern liegt.
- Sie verfügen nicht über genug Erfahrung oder fachliche Kompetenz. Das ist sicherlich der Hauptgrund für das Outsourcing von Leistungen. Wer zum Beispiel kein kreativer Konzeptioner ist, sollte nicht versuchen, einer zu werden. Wer sich mit Veranstaltungstechnik nicht auskennt, sollte nicht versuchen, sie selbst zu planen und einzukaufen. Wer zum Beispiel noch nie eine Show produziert hat, sollte seine Arbeit besser erfahrenen Künstleragenturen überlassen.
- Eine Arbeitsteilung macht keinen Sinn. Das ist offensichtlich der Fall, wenn einzelne Gewerke unterteilt werden, also mehrere Parteien am Ende an ein und derselben Sache arbeiten. Hier baut man künstlich Schnittstellen auf, die zu Kommunikationsverlusten und zu erhöhtem Abstimmungsaufwand führen. Zusätzlich besteht die Gefahr des Qualitätsverlusts im Ergebnis.

Gründe, die gegen die Auslagerung von Leistungen sprechen:

- Die Budgetlage lässt die Auslagerung aller für die Veranstaltungsrealisierung notwendigen Leistungen nicht zu. Dann ist zu überlegen, welche Dinge durch den Auftraggeber selbst organisiert werden können. Bei jeder Veranstaltung gibt es Organisationsleistungen, die auch ohne viel Event-Erfahrung bewältigt werden können. An dieser Stelle können Sie durch eigenes Engagement sinnvoll das Budget schonen. Sie können sich dabei selbstverständlich Schützenhilfe von der Agentur geben lassen, aber die Fleißarbeit am Ende selbst erledigen.
- Gefahr mangelnder Authentizität oder mangelnder inhaltlicher Stimmigkeit. Es wird auf konzeptioneller Ebene immer Dinge geben, die Sie nicht aus der Hand geben dürfen. Auch Agenturen stoßen, was die inhaltliche Ausarbeitung einzelner Konzeptbestandteile oder Medien angeht, an Grenzen. Schiebt der Auftraggeber die inhaltliche Verantwortung komplett von sich weg hin zur Agentur, besteht die Gefahr von Oberflächlichkeit und mangelnder Authentizität. Leider habe ich selbst schon erleben müssen, dass die Agentur inhaltliche Entscheidungen treffen musste, die eigentlich in die Hand des Auftraggebers gehört hätten. Das entgegengebrachte Vertrauen ist hier für die Agentur zwar eine Auszeichnung, das Risiko fehlender inhaltlicher Korrektheit oder Stimmigkeit bleibt allerdings bestehen. Auch wenn Sie richtigerweise Konzeptionsarbeiten oder zum Beispiel das Schreiben von Reden in die Hand der Agentur legen, müssen Sie trotzdem mit großer Genauigkeit die sachliche Qualität prüfen und sich immer fragen, ob auch in der sprachlichen oder bildlichen Tonalität der Markenkern getroffen wird. Das intensive Auseinandersetzen mit Inhalten und Agenturvorschlägen kostet viel Zeit, ist aber einer der wichtigsten Erfolgsfaktoren.

ZUSAMMENARBEITSMODELLE

Neben der Entscheidung, welche konzeptionellen oder organisatorischen Aspekte durch Sie selbst realisiert werden können und welche Leistungen von externen Partnern, ist die Partnerwahl an sich ein Thema. Darüber hinaus müssen Sie sich klar darüber werden, ob Sie Ihre Veranstaltung komplett in die Hand eines Dienstleisters geben, der alle Subunternehmen für die unterschiedlichen Gewerke beauftragt, oder ob Sie selbst der Auftraggeber für verschiedene Gewerke wie zum Beispiel für das Catering, die Veranstaltungstechnik oder den Veranstaltungsort sein wollen. Hierzu existieren oft klar definierte Einkaufsregularien, mit denen Sie sich im Zweifel zunächst gründlich auseinandersetzen müssen.

Die Praxis zeigt, dass Unternehmen hier sehr unterschiedlich vorgehen und es keine Allgemeingültigkeit gibt. Ich bin der Meinung, dass alle Modelle ihre Berechtigung haben. Sie sollten aber versuchen, ein Modell zu wählen, das gut zu Ihrer individuellen Ressourcen- und Budgetsituation passt und das für Sie an solchen Stellen für wertvolle Entlastung sorgt, an denen Sie sie am nötigsten haben. Egal ob in zeitlicher Hinsicht oder bezogen auf Erfahrungswerte und Kompetenzen.

Modell „Generalunternehmer"

Dieses Modell bedingt die vollumfängliche Bindung an eine Veranstaltungsagentur, die als eine Art Generalunternehmer auftritt und mit entsprechenden Kompetenzen ausgestattet wird. In diesem Moment wird die Agentur zur „Full-Service-Agentur", weil sie Ihnen alles, was Sie für die Veranstaltung brauchen, aus einer Hand liefert. Die Agentur verwaltet das Gesamtbudget und beauftragt eine Reihe von Subunternehmen, für die sie auch die volle Verantwortung trägt.

Wandert das Gesamtbudget in die Hände der Agentur, ist der genaue Leitungsumfang zu definieren, der mit dem beauftragten Rahmen geleistet und geliefert werden muss. Leistungen beziehen sich sowohl auf konzeptionelle und organisatorische Leistungen als auch auf Medienproduktion und Eckpfeiler für Catering, Dekoration und Entertainment. Je konkreter und genauer hier gemeinsam eine Budgetaufteilung mit der Agentur erarbeitet wird, umso höher ist am Ende die Budgetverlässlichkeit. Sie müssen sich also dafür schützen, Dinge nicht im Gesamtbudget berücksichtigt zu haben, die zu Nachkalkulationen und höheren Rechnungen führt.

Der Einsatz einer Full-Service-Agentur entlastet Sie zwar maximal, führt allerdings auch zu hohen Agenturkosten. Sie müssen in der Konzept- und Angebotsphase sehr genau arbeiten, um sicherzugehen, dass die Gesamtkosten des Projekts am Ende das übertragene Budget nicht überschreiten. Vor diesem Hintergrund machen Verträge Sinn, die eine Pauschalvergütung vorsehen und zu liefernde Leistungen definieren.

MODELL „PARTNER-NETZWERK“

Sie können sich anstatt der Vergabe des Gesamtbudgets an eine Full-Service-Agentur auch dafür entscheiden, selbst unterschiedliche Unternehmen zu beauftragen, die Sie für die Veranstaltungsrealisierung brauchen.

Pauschal lässt sich die These aufstellen, dass Sie dadurch Handling-Fee bei der Agentur und weitere Projektleitungskosten auf Agenturseite einsparen. Auf der anderen Seite ist diese Steuerungsarbeit durch Sie selbst zu erbringen, was ohne zeitliche Ressourcen und ausreichende Expertise in den Einzelgewerken nicht zu empfehlen ist. In der Praxis werden oftmals Gewerke wie Technik, Catering oder Messebau direkt vom Unternehmen beauftragt, nachdem die benötigten Leistungen bei entsprechenden Anbietern ausgeschrieben wurden. Ohne die fachliche Expertise bei Ihnen oder im Einkauf wird es allerdings schwierig sein, die vorliegenden Angebote zu vergleichen und entsprechend für die finale Vergabeentscheidung zu bewerten. Betrachten wir zum Beispiel die Veranstaltungstechnik. Überlassen Sie dieses Gewerk nicht der Agentur, müssen Sie in aller Regel die benötigte Technik für Licht, Ton, Projektion etc. ausschreiben. Sie erhalten daraufhin Angebote, deren Inhalt Sie schwer prüfen können. Denn ob das angebotene Gerät x mit dem vom anderen Anbieter angebotenen Gerät y vergleichbar ist oder nicht, kann nur ein erfahrener Veranstaltungstechniker beurteilen. Und weil Sie also weder die Angebotsbestandteile des einen Anbieters mit den eigenen Anforderungen noch mit den Angeboten anderer Anbieter vergleichen können, ist eine sachliche Entscheidungsfindung schwierig. Also stützt man die Entscheidung auf die einzige Vergleichbarkeit, die offensichtlich ist: auf den Preis. Das kann mitunter fatal sein, denn Sie können sich nicht sicher sein, dass die angebotene Technik am Ende das leistet, was sie leisten muss.

Ich habe die Erfahrung gemacht, dass vom Veranstalter selbst beauftragte Technik zumeist nicht das leistet, was sie leisten muss. Hier werden aus Unwissenheit unnötige Kompromisse gemacht, die leicht zu einem Qualitätsverlust führen. Der macht sich dadurch bemerkbar, dass zum Beispiel die dekorative Illuminierung des Veranstaltungsorts dürftig ist, die projizierte Bildqualität in Helligkeit oder Schärfe nicht ausreicht oder die Sprachverständigung bei der Tontechnik zu schlecht ist. Sollten Sie also selbst nicht in der Lage sein, die angebotene Technik vollumfänglich zu interpretieren, so müssen Sie diese Verantwortung in die Hand eines erfahrenen Teammitglieds auf Agenturseite geben.

Bei anderen Gewerken allerdings ist eine Beauftragung durch den Veranstalter kein oder nur ein geringes Qualitätsrisiko. Hier sind vor allem der Veranstaltungsort und das Catering zu nennen. Verhandlungen mit dem Veranstaltungsort oder dem Caterer zum Beispiel können Sie leicht selbst führen. Nehmen Sie die Beauftragung einzelner Gewerke selbst in die Hand, sollten Sie aber auf Alleingänge verzichten. Beziehen Sie unbedingt den Einkauf sowie die Agentur mit ein, die selbst andere Gewerke anbietet und beauftragt. Dazu ein Beispiel: Beauftragen Sie den Veranstaltungsort selbst, müssen Sie mit der Agentur unbedingt den exakten Raumbedarf für die Realisierung des Konzepts sowie die notwendigen Zeiträume für den Auf- und den Abbau aller Installationen klären. Oft werden vom Veranstalter im Vorfeld Verträge mit dem Veranstaltungsort gemacht, die eine zu kurze Aufbauzeit vorsehen. Alleine dieses Detail führt im Projektverlauf unweigerlich zu unangenehmen Überraschungen, weil die Kosten steigen. Im schlimmsten Fall kann es in diesem Beispiel sogar dazu führen, dass der Veranstaltungsort gar nicht mehr funktioniert, weil er aufgrund einer anderen eingebuchten Veranstaltung nicht früh genug zur Verfügung steht.

Sollten Sie einzelne Gewerke selbst beauftragen, haben Sie einen nicht zu unterschätzenden Briefing- und Koordinationsaufwand. Sie selbst müssen die einzelnen Anbieter der Gewerke ausführlich mit Informationen versorgen und grundlegende Konzepte selbst erarbeiten. Fehlen diese Konzepte, fehlt das exakte Briefing, und die eingereichten Angebote mehrerer Anbieter sind faktisch nicht vergleichbar. Für eine kluge Entscheidungsfindung ist die Vergleichbarkeit der angebotenen Leistungen aber Voraussetzung.

Beauftragen Sie einzelne Gewerke selbst, müssen Sie sehr umsichtig und vorausschauend handeln, um einen reibungslosen Projektverlauf zu erreichen. Verfügen Sie über gute Partner im Netzwerk und ausreichend Erfahrung, ergeben sich in diesem Modell vor allem auf der Budgetseite Vorteile. Denn eines dürfen Sie nicht vergessen: Jede Leistung, die Sie bei einem Generalunternehmer, also einer Full-Service-Agentur einkaufen, wird mit einem finanziellen Aufschlag von ca. 20 Prozent versehen, sofern diese Leistung bei einem Dritten eingekauft wird. Das ist bei

Veranstaltungen in den meisten Gewerken der Fall: Location, Technik, Catering, Dekoration, Künstler etc.

Neben der Ersparnis solcher Margen auf Agenturseite ergibt sich ein weiterer großer Vorteil durch das selbstständige Beauftragen einzelner Gewerke durch den Veranstalter: Sie sind inhaltlich automatisch in viele Vorgänge und Pläne involviert, was zu einem wertvollen Gesamtüberblick führt, der Sicherheit bietet. Hier passiert kaum etwas ohne Ihr Wissen, viele Themen werden vom Auftragnehmer direkt mit Ihnen abgestimmt. Hier sind Sie Dreh- und Angelpunkt, hier übernehmen Sie einen großen Teil des notwendigen Event Managements.

Zugegeben: Die Entscheidung über den Umfang der Agentureinbindung ist nicht leicht. Ich bin der Meinung Sie sollten sich tendenziell eher für Entlastung als für Belastung entscheiden. Aber das ist natürlich auch abhängig von der Größe und der Komplexität der Veranstaltung. Bei kleineren Events kann es durchaus sein, dass Sie gar keine Agentur einsetzen. Genauso kann es sein, dass sie auf eine Full-Service-Agentur angewiesen sind. Allgemeingültige Rezepte sind schnell realitätsfremd.

Modell „Gesamtregie“

Die ist ein aus meiner Sicht sehr vorteilhaftes Modell, das viel zu selten gewählt wird. Kern des Modells ist der Einsatz eines externen Regisseurs oder Konzeptioners (nachfolgend nur „Regisseur"), der unabhängig von Agentur und anderen Dienstleistern die Konzeption liefert und darüber hinaus in Ihrem Sinne Leistungen ausschreibt und Vergabevorschläge ausspricht. Ein solcher Regisseur ist dazu in der Lage, alles, was Sie brauchen, zu planen und bei potentiellen Lieferanten auszuschreiben. Auftraggeber für die einzelnen Gewerke bleiben am Ende Sie selbst.

Jetzt fragen Sie sich wahrscheinlich: Brauche ich dann keine Agentur mehr? Doch, die brauchen Sie trotzdem, sofern Sie die Realisierungsarbeit nicht selbst in die Hand nehmen wollen. Der externe Regisseur bündelt eine Reihe von Leistungen, die dann durchaus auch bei Agenturen ausgeschrieben werden.

Der große Vorteil dieses Modells besteht in seiner Effektivität. Verfügen Sie erst einmal über einen über viele Projekte hinweg vertraut gewordenen, externen Regisseur, so erübrigen sich viele Dinge. Sie beauftragen ihn mit der Event-Konzeption, und nicht eine Reihe von Agenturen, was zeitlich sehr aufwendig ist. Der Regisseur und sein Team liefern Ihnen ein maßgeschneidertes Konzept, das Sie je nach kreativen und zeitlichen Möglichkeiten mitgestalten können. Alle (Dienst-)Leistungen, die für die Realisierung des Konzepts notwendig sind, können im zweiten Schritt vom Regisseur oder von Ihnen selbst ausgeschrieben werden. Die Expertise für Veranstaltungstechnik, Architektur oder Messebau auf der Seite des Regisseurs und seines Teams beispielsweise sorgt für eine perfekte Ausschreibungsunterlage, die dann an die an der Ausschreibung teilnehmenden Technikverleiher oder Messebauer übergeben wird. Die Prüfung und die Analyse der Angebote, die daraufhin geliefert werden, liegen ebenfalls in der Hand des Regisseurs. Dadurch ist sichergestellt, dass das angebotene Leistungspaket der Lieferanten vollständig ist und die gewünschte Qualität im Ergebnis ermöglicht. Er wird dadurch zu einem perfekten Planer, der alle notwendige Kompetenz besitzt, um Sie ganzheitlich bei der Lieferantenwahl zu beraten. Aufgrund der Tatsache, dass der Regisseur kein Generalunternehmer ist, ist dieses Modell auch besonders effizient. Sie müssen zwar die Planungsleistungen honorieren, allerdings wird die Ersparnis durch die eigene Beauftragung der Einzelgewerke höher sein als im Falle eines Generalunternehmers.

In diesem Modell werden wichtige Schritte im Projektverlauf auf eine Person Ihres Vertrauens konzentriert – auf den Regisseur. Für Sie selbst ergeben sich dadurch wertvolle ressourcenseitige und monetäre Vorteile. Durch oktroyierte Einkaufsprocedere nehmen sich Unternehmen oftmals die Chance für dieses Modell, weil man darauf besteht, mehrere Agenturen in einem Kreativwettbewerb gegeneinander antreten zu lassen. Ich bin aber davon überzeugt, dass viel in diesem Punkt wieder einmal nicht viel hilft. Ein Regisseur, der mit Ihrem Unternehmen und Ihrer Marke über Jahre hinweg und über mehrere Veranstaltungsprojekte eng zusammenwächst, ist in der Lage, treffsicher zu konzipieren. Er hat dadurch gegenüber fremden Agenturen einen wertvollen Wissensvorsprung, den Sie nutzen sollten. Zusätzlich sinkt der Briefing-Aufwand mit jeder Veranstaltung. Der Regisseur weiß, welche Elemente in der Konzeption zu Ihnen passen und welche nicht. Er hat ein Gespür dafür, was in Ihrem Unternehmen geht und was nicht. Das ist am Ende effektiver als hochkreative Ansätze von Agenturen, die Ihre Marke und die vorangegangenen Veranstaltungen wenig oder gar nicht kennen.

Die Konzepte von neuen Agenturen sind zwar oftmals erfrischend anders, mit neuen Ideen gespickt, von großartiger Kreativität. Aber was davon bleibt am Ende übrig? Was davon wird wirklich umgesetzt, gebaut, gezeigt, genutzt? Entscheidungen für Agenturen werden oft mit vermeintlich kreativen Details im Konzept begründet, die im weiteren Projektverlauf schnell wieder an Bedeutung verlieren oder aus verschiedenen Gründen gar gestrichen werden.

Nicht, dass wir uns falsch verstehen: Die Kreativität eines guten Regisseurs darf nicht geringer sein als die von Agenturen, aber zielgerichteter. Wenn Sie diese Differenzierung verstehen, werden die Vorteile schnell überwiegen.

Die Last der Ausschreibungen

Unabhängig davon, für welches Modell Sie sich entscheiden, steht die Entscheidung an, ob Sie für die Agenturauswahl eine Ausschreibung durchführen wollen oder müssen. Bitte lassen Sie den nachfolgend (nicht ganz ernst gemeinten!) Text einmal auf sich wirken. Er macht aus Sicht vieler Agenturen auf sympathische Art und Weise deutlich, warum so mancher Agentur-Pitch ganz generell in Frage zu stellen ist!

Können Sie auch Altweiß? (Quelle unbekannt)

Es war einer dieser Winter-Sonntage, im Fernsehen lief nur Mist, der von anderem Mist unterbrochen wurde, und die Sonne schien lang und hell. So hell, dass es mir schwerfiel, die dunklen Verfärbungen in den oberen Zimmerecken länger zu ignorieren. Fünf Jahre war es her, dass die Wände das letzte Mal frische Farbe gesehen hatten. Ich entschied mich, das Malen zur Abwechslung einem echten Profi zu überlassen, anstatt wie beim letzten Mal meine Kleidung weiß zu färben.

Gesagt getan, am darauf folgenden Montag suchte ich mir im Büro die Telefonnummern einiger Maler heraus, nahm mein Mobiltelefon und wählte die erste Nummer.

„Malermeisterbetrieb Steppmüller?"

„Guten Tag, hier Apostolou. Ich beabsichtige, meine Wohnung anstreichen zu lassen. Ich möchte Sie zu einem Pitch einladen. Wann können Sie kommen?"

„Pisch? Sie meinen Kostenvoranschlag!?"

„Nein … Pitch mit „t", ohne „s" in der Mitte. Da streichen Sie vorab kostenlos einen Teil der Wohnung, um Ihre Kompetenz in Sachen Altweiß unter Beweis zu stellen."

„Also … Sie wollen, dass ich Ihnen ein Zimmer streiche? Umsonst? Damit Sie beurteilen können, ob ich anstreichen kann? Hören Sie mal, ich bin eingetragener Meister, ich streiche seit 20 Jahren Wände!"

„Ja, deswegen habe ich mich auch entschieden, Sie zum Pitch einzuladen. Sie haben einen super Ruf in der Branche. Wissen Sie, mir – und vor allem meiner Partnerin – liegt Qualität am Herzen. Außerdem möchten wir wissen, wie es so um Ihre Kreativität bestellt ist."

„Wie – Kreativität? Soll ich die Wohnung nun weiß streichen oder was?"

„Na ja, Sie wissen schon, Ihr Strich und so. Der persönliche Stil!"

„Das wird mit der Rolle gemacht. In die Farbe rein, übers Abtropfgitter und rauf auf die Tapete. Abrollen, zack, fertig! Das mach ich nun so seit 20 Jahren. Wie mein Vater davor und davor mein Großvater!"

„Das weiß ich auch zu schätzen. Ich beobachte die Entwicklung Ihres Unternehmens schon lange und kenne viele Ihrer exzellenten Arbeiten."

„Dann wissen Sie doch, wie wir arbeiten!"

„Ja und nein. Wissen Sie, jedes Zimmer ist anders, hat individuelle Bedürfnisse. Sie müssen wissen, dass ich mir seit 41 Jahren Wände anschaue. Glauben Sie mir, Ich weiß inzwischen genau, wann mir eine Wand gefällt und wann nicht. Das muss schon alles passen."

„Was muss passen? Die Farbe? Die bestimmen Sie doch!"

„Ja, ja, ja …, aber wir müssen uns ja auch etwas beschnuppern, prüfen, wie die Zusammenarbeit läuft. Das muss ich schon in meiner eigenen Wohnung sehen!"

„Wie jetzt Zusammenarbeit? Ich komme mit dem Gesellen und male die Wohnung, Sie schreiben einen Scheck. Fertig is!"

„Da lassen Sie aber eine Menge aus. Ich erwarte einen Zwischencheck um die Richtung festzulegen. Dann müssen meine Bekannten und Freunde den fertigen Anstrich sehen. Kann sein, dass Sie dann noch mal ran müssen!"

„Verstehe ich das richtig? Sie sagen, ich soll Altweiß malen, und wenn ich fertig bin, sagt Ihr Freund, Rot wäre besser, so dass ich gratis noch mal alles in Rot streichen darf?"

„Jetzt verstehen wir uns. Außerdem ist meine Partnerin sehr eigen. Wenn Sie für uns arbeiten, müssten Sie sich verpflichten, für ein Jahr keine Wohnung in der Umgebung und vor allem keine in Altweiß zu streichen. Wir hätten da schon gern Exklusivität."

Klick … tut-tut-tut-tut.

„Hallo …?"

Egal, was soll's? Dann nehme ich eben die billigen Polen, die mein Vermieter immer für alle seine Wohnung benutzt. Ach verdammt, da fällt mir ein: Die muss ich ja laut Mietvertrag sowieso nehmen. Das sind die „Lead-Maler" meines Vermieters!

Kriterien für die Agenturauswahl

Sollten Sie sich aus gutem Grund für eine Ausschreibung entscheiden, werden Sie sich fragen: Welche Agentur passt zu mir? Die kreativste? Die zuverlässigste? Die günstigste?

Allzu oft stützen Unternehmen bei der Auftragsvergabe ihre Entscheidung für die eine oder die andere Agentur auf die Kreativität des Konzepts. Dagegen ist nichts einzuwenden. Allerdings bin ich der Meinung, dass es eine ganze Reihe weiterer Bewertungskriterien gibt, die viel über eine Agentur aussagen. Neben einer guten Idee, die Sie einkaufen, wollen Sie mit der Agentur Ihrer Wahl gut zusammenarbeiten, Sie brauchen einen verlässlichen Partner an Ihrer Seite, der sich mit vollem Engagement Ihrem Projekt widmet. Darüber hinaus ist die wirtschaftliche Zuverlässigkeit häufig ein Thema bei Auftraggebern, die an Agenturen immer wieder kritisieren, dass zunächst aufgezeigte oder gar versprochene Kosten und Budgets nicht eingehalten werden.

Zum Teil gehen Unternehmen in Wettbewerbspräsentationen sehr strukturiert vor, gebrauchen standardisierte Bewertungsbögen, die während der oder im Anschluss an die Konzeptpräsentation ausgefüllt werden. Diese Form der systematischen Bewertung hat den Vorteil, dass man sich in der Bewertung der Agenturen nicht zu sehr von äußeren Eindrücken und den präsentierten Konzepten leiten lässt, sondern gezwungen ist, das Augenmerk auch auf andere wichtige Bewertungskriterien zu legen, sofern solche Teil des Bewertungsbogens sind. Nachfolgend finden Sie einige Bewertungskriterien, die nach meiner Erfahrung fälschlicherweise oftmals keine Rolle bei der Bewertung von Agenturen spielen. Dabei geht es bewusst nicht um Konzepte, Ideen oder Kreativität, sondern um Faktoren, die etwas über Professionalität und Qualität bei der Zusammenarbeit aussagen.

Agentur-Team

Lassen Sie sich genau darüber aufklären, welches Team Ihnen die Agentur an die Seite stellt. Ist das zu vergebende Budget für die Agentur nur „ein kleiner Fisch", besteht die Gefahr, dass Sie von wenig erfahrenen, jungen Agenturmitarbeitern betreut werden.

Klären Sie sehr genau ab, wer auf Agenturseite Projektleiter ist, welches Team ihm zur Verfügung steht und welche Erfahrungswerte und welchen Ausbildungshintergrund die einzelnen Teammitglieder haben. So können Sie vermeiden, bei Ihrer potentiellen Agentur nur die zweite Geige zu spielen. Agenturen, die Ihnen von vornherein ein Organigramm und damit einhergehend aufzeigen, wie sie mit Ihnen zusammenarbeiten wollen, verhalten sich in diesem Punkt vorbildlich und professionell.

Die Gesamtgröße der Agentur im Hinblick auf die Belegschaft ist definitiv kein Erfolgsindikator, denn sehr gut aufgestellte, erfahrene, kleine Teams können Großes leisten und sind dabei deutlich effizienter als so manches große Team mit großem Wasserkopf. Sie vergeben die Veranstaltung an eine Agentur, damit sie zielgerichtet und wirtschaftlich Ihren Erfolg sichert, und nicht, um möglichst viele Personen auf Agenturseite zu beschäftigen.

Unternehmensform und Finanzkraft

Wollen Sie eine Agentur beauftragen, die kurz vor der Pleite steht? Wollen Sie Ihr Budget einer Mannschaft anvertrauen, die vielleicht nicht gut wirtschaften kann?

Auch wenn man sich hier vor zu schnellen negativen wie positiven Rückschlüssen hüten muss, steht fest, dass Sie bei finanzschwachen Agenturen ein höheres Ausfallrisiko eingehen als bei finanzstarken Agenturen. Es ist heute zum Beispiel auf Plattformen wie www.unternehmensregister.de ohne Weiteres möglich, in die letzten Bilanzen der Agenturen zu schauen. Mit geübtem Blick auf die Zahlen erhalten Sie schnell einen Eindruck davon, wie gut oder schlecht das Unternehmen wirtschaftlich dasteht. Sollten Sie hier auf Ungereimtheiten stoßen oder sollten die Zahlen keinen guten Eindruck machen, sollten Sie mit der Agentur-Geschäftsleitung das Gespräch suchen. Sie müssen sich immer im Klaren darüber sein, was passiert, wenn die Agentur im schlimmsten Fall kurz vor der Veranstaltung in die Insolvenz geht. Dann ist das gesamte Projekt gefährdet, und sicherlich werden Sie sich die Frage gefallen lassen müssen, warum Sie sich für diesen finanzschwachen, risikoreichen Partner entschieden haben.

Darüber hinaus ist sicherlich Skepsis bei sehr jungen Unternehmen oder kleinen Einzelunternehmen angebracht, denn mangelnde Liquidität führt in aller Regel dazu, dass Sie einen Großteil der zu erbringenden Leistungen schon vor der Veranstaltung bei der Agentur bezahlen müssen. Bei kleinen Agenturen reicht die Liquidität in aller Regel nicht aus, um in Vorleistung zu gehen. Viele Einzelgewerke wie Catering oder Möbelverleiher arbeiten mit Vorkasse. Hier wird das Risiko der Nichtlieferung trotz Bezahlung schlichtweg an Ihr Unternehmen weitergegeben.

Referenzen und Kunden

Sind Sie ein großer Fisch für die potentielle Agentur? Vielleicht ein zu großer? Sie müssen sich davor hüten, Agenturen mit der Realisierung von Events zu beauftragen, die sie ressourcenseitig oder hinsichtlich der Komplexität des Events überfordern. Leider wird man das erst nach der Veranstaltung mit Gewissheit sagen können. Im Vorfeld können Sie sich aber für die Referenzen der Agentur interessieren und dadurch herausfinden, ob die Agentur bereits vergleichbare Veranstaltungen oder gar größere, anspruchsvollere Projekte realisiert hat. Hier zählt eine große Anzahl an Referenzprojekten natürlich mehr als eine Eintagsfliege.

Kurioserweise werde ich oft gefragt, ob ich „genau eine solche Veranstaltung schon in der gleichen Branche" realisiert habe. Hier mangelt es kundenseitig leider an der Transferleistung, von einem vergleichbaren Referenzprojekt auf das eigene Projekt zu schließen. Nein, es geht nicht darum, bei der Agentur vergleichbare Konzepte in den Referenzen zu finden, sondern darum, den Anspruch, den Referenzprojekte ausstrahlen, mit dem eigenen Anspruch des bevorstehenden Events abzugleichen.

Wer erfolgreich für seine Kunden arbeitet, erhält in der Regel auch entsprechende schriftliche Referenzschreiben. Warum nicht einmal danach fragen? Jeder Agenturchef sollte stolz darauf sein und wird Ihnen gerne das eine oder andere Beispiel zeigen.

Ein weiterer Indikator für Agenturerfolge sind Prämierungen von Einzelideen oder ganzen Projekten. Zugegebenermaßen ist das schnell eine oberflächliche Betrachtungsweise, aber der Fall, dass die Agentur bereits Preise gewonnen hat, spricht für Konzeptions- und Leistungsstärke. Dieser Punkt alleine darf aber niemals ausschlaggebend für eine Entscheidung sein. Aus eigener Erfahrung kann ich berichten, dass Agenturen viele hervorragende Ergebnisse nicht bei Wettbewerben einreichen, weil zum Beispiel die Kunden etwas dagegen haben, ins Rampenlicht zu kommen. Außerdem kostet das Einreichen von Projekten viel Zeit und Geld.

Leistungsspektrum

Sie sollten sich nicht nur fragen, was die Agentur alles kann, sondern auch, was sie alles inhouse leisten kann. Das Leistungsspektrum der Agentur muss zu Ihnen und zu Ihrem Projekt passen. Es gibt beispielsweise Veranstaltungen, die sehr medienlastig sind. Ich habe einmal eine Top-Management-Tagung realisiert, für die meine Agentur am Ende 60 Videoeinspieler produziert beziehungsweise bearbeitet hat. Selbstverständlich kam uns und vor allem dem Kunden dabei der Umstand zugute, dass wir über eine eigene Filmproduktion mit Schnittplätzen, Cuttern, Kameramännern, Kameratechnik etc. verfügen.

Es geht bei der Realisierung des Veranstaltungsprojekts eben nicht nur um kreative Konzeptionsleistungen und das Organisieren der Logistik, sondern auch um Medienproduktion, um Designaufgaben oder Programmierungsleistungen. Besonders Letzteres spielt eine wachsende Rolle, denn in Zeiten der Sozialen Medien werden Online-Anwendungen und Apps immer mehr in die Live-Kommunikation eingebunden. Logischerweise ist es zum Beispiel bei diesem Thema ein Vorteil für Sie, wenn Sie für die Konzeption und Realisierung solcher Medien keine zweite Agentur zu beauftragen brauchen.

Sie sollten sich also fragen, welche Leistungen und Medien im Laufe des Projekts gebraucht werden und was gegebenenfalls optional hinzukommt. Der Abgleich dieses Anspruches mit dem Leistungsspektrum der Agentur zahlt sich im laufenden Projekt aus. Sie dürfen auch hier wieder die wirtschaftliche Dimension des Themas nicht außer Acht lassen: Alles, was die Agentur an Dritte vergeben muss, weil sie die Leistung nicht selbst inhouse erbringen kann, kostet aufgrund von zusätzlichen Margen oder Handling Fees zusätzlich Geld.

Das Zuhause der Agentur

Interessieren Sie sich für die Agenturräumlichkeiten. Ein Kinderzimmer sagt viel über ein Kind aus, der Schreibtisch viel über den Kollegen. Begegnet Ihnen eine aufgeräumte Agentur mit angemessener Ausstattung, so kann Sie der erste Eindruck sicherlich beruhigen. Finden Sie ein Chaos vor, Unordnung, wo Sie hinschauen, vielleicht sogar Schmutz auf dem Boden oder an Wänden, sollte Sie das skeptisch machen. Wollen Sie einem Projektleiter, der im Chaos arbeitet, zutrauen, in Ihrem komplexen Veranstaltungsprojekt stets den Überblick zu behalten? Wie genau nehmen es die Agenturmitglieder mit der Sauberkeit am Messestand, wenn sie das in ihren eigenen Räumlichkeiten nicht besonders interessiert?

Ist die Agentur serviceorientiert, wird sie auch gastfreundlich sein, Ihnen Getränke und einen Snack anbieten. Dann hat man sich gut auf Ihr Kommen vorbereitet und rollt Ihnen im übertragenen Sinne durchaus auch einmal den Roten Teppich aus. Das mag Ihnen vielleicht übertrieben erscheinen, aber machen Sie sich bewusst: Sie wollen bei Ihrer Kundenveranstaltung Ihren Kunden auch den Roten Teppich ausrollen, und hier können Sie leicht feststellen, welche Einstellung die Agentur dazu hat, ob sie genauso wie Sie versteht, das für den Kunden alles perfekt sein soll.

Der persönliche Eindruck

Das Wichtigste zum Schluss: der persönliche Eindruck. Folgen Sie Ihrem Bauchgefühl. Stimmt es nicht, müssen Sie herausfinden, warum. Sollte sich, auch nachdem Sie Ihre Zweifel im Gespräch mit der Agentur geäußert haben, keine Besserung des Bauchgefühls einstellen, sollten Sie Ihre Entscheidung für diese Agentur überdenken. Vertrauen Sie auf Ihre Erfahrung und auf solche Signale, die Ihnen ein gutes oder ein schlechtes Gefühl vermitteln.

Seien Sie sich bewusst darüber, dass alle Kennzahlen aus Bilanzen, alle Referenzen aus der Präsentation nichts aussagen über die Verlässlichkeit Ihrer Ansprechpartner oder über einen fairen Umgang mit Ihnen, der besonders dann gefordert ist, wenn zum Beispiel aus gutem Grund zu spät Freigaben geliefert werden. Kennzahlen und Referenzen sagen auch nichts über das Engagement, die Einsatzfreude und gegebenenfalls über die Kompetenz des Agenturteams aus, aber darauf sind Sie angewiesen.

Es ist also vollkommen legitim, intern zu äußern, wenn Sie ein sehr gutes oder ein sehr schlechtes Bauchgefühl mit der einen oder anderen Agentur haben. Ihren Kollegen wird es im Auswahlprozess nicht anders gehen. Ich an Ihrer Stelle würde ein gutes Bauchgefühl und eine finanziell vermeintlich solide Agentur immer „dem kreativen Chaot" vorziehen.

Alles für eine reibungslose Zusammenarbeit

Ist die Entscheidung für eine Agentur erst einmal gefällt, sind die Grundsätze der Zusammenarbeit zu klären und zu besprechen. Wichtig für Sie und für die Agentur ist zu wissen, was der eine Partner vom anderen erwartet und erwarten darf. Fest steht, dass die Qualität der Zusammenarbeit abhängig ist von der Professionalität auf beiden Seiten. Sich an Dinge zu halten, die besprochen sind, offen und ehrlich im Umgang zu sein, respektvoll miteinander umzugehen – es sind viele Faktoren, die die Zusammenarbeit zwischen Agentur und Auftraggeber verbessern oder auch scheitern lassen.

Sie tun also gut daran, von vornherein klarzustellen, was im positivsten Sinne klarzustellen ist. Dafür bedarf es einer offenen, konstruktiven Kommunikation mit allen Beteiligten. Am besten im Rahmen eines Kick-off-Meetings. Hier sollte es nicht nur um die Projektinhalte und um organisatorische Themen gehen, sondern auch um Regeln der Zusammenarbeit. Folgende Grundsätze helfen Ihnen dabei, ein funktionierendes Projektteam zu formen:

Kommunizieren Sie offen miteinander

Stellen Sie klar, dass Sie einen offenen Meinungsaustausch wollen und offen sind für Kritik. Im Verlauf eines Veranstaltungsprojekts entstehen immer wieder für beide Seiten anstrengende Situationen, in denen zum Beispiel die Zeit davonzurennen droht, weil man auf den anderen länger als vereinbart warten muss. Das passiert leicht bei der Ausarbeitung von Medien, bei der Lieferung von Inhalten oder Freigaben. Interne Präsentationen und Entscheidungsfindungen für das eine oder andere Konzept, die eine oder andere Lösung, brauchen mitunter viel mehr Zeit, als zunächst dafür veranschlagt wurde. Es kommt dann auf Loyalität und Flexibilität auf beiden Seiten an. Aber auch darauf, Vorschläge anzunehmen, wie der Workflow noch in diesem Projekt verbessert werden kann. Dafür bleibt aber selten viel Zeit. Kritik sollte also von beiden Seiten kurzfristig geäußert werden, ohne Konsequenzen fürchten zu müssen. Sie müssen klarstellen, dass es Ihnen nur um das gute Ergebnis geht und dafür alle Anregungen willkommen sind und dass auch Sie – sollte es sie einmal geben – Unzufriedenheit und Feedback offensiv und direkt äußern wollen.

Äußern Sie Ihre Erwartungshaltung

Geben Sie Ihrer Agentur die Chance, alles richtig zu machen, indem Sie Ihre Erwartungshaltung an die Arbeitsweise und das Ergebnis sehr konkret formulieren. Für sehr wichtig halte ich die Kommunikation Ihrer Erwartungshaltung bezüglich Punkten wie Erreichbarkeit, Reporting und finanzielle Sicherheit.

Kaum etwas im Projekt ist nerviger als Wartezeiten, die dadurch entstehen, dass Ansprechpartner nicht erreichbar sind oder mit zu großer Verzögerung zum Beispiel auf SMS oder E-Mails reagieren. Hier müssen Sie selbstverständlich mit gutem Beispiel vorangehen und nicht etwas vom Agenturteam erwarten, das Sie selbst nicht einhalten!

Ein zuverlässiges, gründliches und pünktliches Reporting ist im Projektmanagement das A und O. Es ist Aufgabe der Agentur, Meetings in Protokollen zusammenzufassen und entsprechende To-do-Listen sowie Timings zu führen und zu aktualisieren. Hinzu kommen telefonische Jour-Fix-Termine, die die Agentur mit einer Agenda vorbereiten sollte, um sicherzustellen, dass keine Themen vergessen werden. Wenn Sie und Ihre Partner an dieser Stelle gründlich sind, haben Sie viele

Stolperfallen im Projekt von vornherein ausgeschlossen. Sie können leicht den Überblick behalten und agieren vorausschauend. Denn Sie werden aufgrund der offensichtlichen Projektlage sehr früh erkennen können, wo ernste oder größere Probleme auf Sie zukommen.

Die finanzielle Sicherheit ist ein hoher, aber vollkommen legitimer Anspruch. Für die Agentur bedeutet das auf der einen Seite, sich an die abgegebenen Preise und Kalkulationen zu halten und auf der anderen Seite offen und ehrlich mit Mehrkosten umzugehen. Veranstaltungsprojekte sind dynamisch. Es werden also immer wieder neue Situationen im Projekt auftauchen, die nicht von vornherein einkalkuliert waren. Das ist normal und auch nicht weiter tragisch, sollten Sie meiner dringenden Empfehlung gefolgt sein, für eine Budget-Reserve zu sorgen. Sie sollten in jedem Fall ein Signal von der Agentur einfordern, sobald die ursprüngliche Kalkulation nicht mehr aufgeht. Dann können Sie noch proaktiv entscheiden, ob an anderer Stelle Kosten eingespart werden müssen oder Sie dieses zusätzliche Budget aufbringen wollen. Absolut unvorteilhaft ist, wenn die Agentur nach der Veranstaltung eine Nachkalkulation präsentiert, die Ihnen den Mund offen stehen lässt. Sie können in diesem Punkt sogar so weit gehen, entsprechende schriftliche Vereinbarungen zu treffen, um das Risiko unvorhergesehener, nicht beauftragter Aufwände zu minimieren. Ein fairer Umgang ist darüber hinaus natürlich selbstverständlich, und ich bin der Meinung, dass auch die Auftraggeberseite hinsichtlich kalkulierter Agenturhonorare rückblickend auf ein Projekt selbstkritisch sein darf. Machen Sie sich bewusst, dass die Agentur Ihre Arbeitsweise nicht von vornherein kennen kann und ihren eigenen Aufwand nur mit viel Spekulation kalkulieren konnte.

Sorgen Sie für Transparenz

Es ist in einem Organigramm festzulegen, wer im Team auf Unternehmens- und Agenturseite für was verantwortlich ist und wie die Kommunikationswege verlaufen. Das spart im laufenden operativen Projektgeschäft viel Zeit und vermeidet unnötige Informationsverluste.

Eine klare, schriftliche Projektstruktur hilft auch weiteren Teammitgliedern intern wie extern, sich schneller in das Projekt einzuarbeiten und hineinzudenken. Es ist für jeden leicht festzustellen, wo Zuständigkeiten liegen und wen man mit welchem Problem oder mit welcher Fragestellung ansprechen kann.

Sorgen Sie darüber hinaus für Transparenz, indem Sie die Agentur für Ihre internen Abläufe und Probleme sensibilisieren. Machen Sie klar, welche „Politik" rund um dieses Projekt intern gemacht wird. Das sorgt auf Agenturseite für mehr Verständnis bei Verzögerungen, zum Beispiel aufgrund fehlender Freigaben, und steigert Ihnen gegenüber allgemein die Loyalität. Sprechen Sie auch interne Unsicherheiten an, also zum Beispiel fehlende Entscheidungsfindungen und internes Abwägen von verschiedenen Lösungsansätzen oder Event-Bestandteilen. Die Agentur wird Ihnen oft Tipps, neue Ideen oder neue Perspektiven vermitteln können, die durchaus zu einer Beschleunigung der internen Entscheidungsfindung und damit zu einer Zeitersparnis führen.

Sonstige Regelungen

Achten Sie darauf, dass gleich zu Beginn des Projekts eine Geheimhaltungserklärung von der Agentur unterzeichnet wird. Es ist daraufhin die Aufgabe der Agentur, mit ihren Subunternehmen eine vergleichbare Vereinbarung zu treffen. Theoretisch können Sie verlangen, der Partnerwahl von Subunternehmen zuzustimmen.

Darüber hinaus ist gemeinsam mit dem Einkauf zu überlegen, ob der vergebene Auftrag zum Abschluss eines generellen Rahmenvertrags mit der Agentur führt. Ein Rahmenvertrag sichert keine Umsatzgrößen zu, sondern legt verhandelte Tagessätze fest und definiert gegebenenfalls eine Abrufgrenze von beispielsweise 50.000 Euro. Dieser Abruf ermöglicht dem Fachbereich den Einkauf von Leistungen bis zu dieser Abrufgrenze bei diesem Lieferanten, ohne die Einkaufsabteilung zwingend dafür einschalten zu müssen. Das beschleunigt und vereinfacht den Einkaufsprozess, was für ein dynamisches Veranstaltungsprojekt von Vorteil ist.

Agentur-Pitch und Agentur-Briefing: Aus Wasser Wein machen?

Wenn Sie von Ihrer Agentur Höchstleistungen bezüglich Kreativität und Treffsicherheit von Konzepten erwarten, so müssen Sie für den richtigen Nährboden sorgen, auf dem Derartiges entstehen kann. Dieser Nährboden ist in aller Regel das Briefing.

Gestatten Sie mir eingangs die Bemerkung, dass neun von zehn Briefings, die aus der Hand von Projektleitern oder Einkaufsabteilungen auf Unternehmensseite kommen, gar keine Briefings sind! Vor Kurzem zum Beispiel erhielt ich im Rahmen eines Agentur-Pitches ein Briefingpapier eines großen deutschen Telekommunikationskonzerns. Dieses dreiseitige Papier sollte das Briefing für eine groß angelegte Guerilla- beziehungsweise Promotion-Aktion für einen bestimmten Unternehmensbereich sein. Die Beschreibung der tatsächlichen Aufgabe umfasste dabei ganze sechs Bullet Points. Die Gründe für mangelhafte Briefings sind sicher vielfältig. Zum einen nehmen sich die Verantwortlichen oftmals zu wenig Zeit dafür, alle Informationen strukturiert und verständlich zusammenzutragen und in einem Briefingpapier für die Agenturen aufzuarbeiten. Zum anderen ist es schlichtweg so, dass die Unternehmen überhaupt nicht wissen, was sie eigentlich wollen! Nur: Wer nicht weiß, was er will, der kann auch keine Aufgabenstellung für die Agentur beschreiben. Wenn aber der Agentur nicht vermittelt werden kann, was der Hintergrund, was die Aufgabe und was die Zielsetzung ist, dann hat die Agentur kaum eine Chance, ein Konzept auszuarbeiten, das das Zeug zur Realisierung hat.

Natürlich war das im genannten Beispiel nicht anders. Am Ende wurde gar kein Projekt realisiert, die gesamte Ausschreibung, die gesamte Mühe auf Agenturseite war vollkommen überflüssig. Das ist nicht nur mühsam und frustrierend, das ist vor allem unprofessionell und unwirtschaftlich.

Also bitte: Gehen Sie mit gutem Beispiel voran! Briefen Sie Agenturen erst, wenn Sie wirklich wissen, was Sie erreichen wollen. Wenn Sie mit den relevanten Entscheidern inhaltlich Richtungen festgelegt haben, wenn Ziele definiert sind und wenn Sie alle verfügbaren Informationen zum Hintergrund des Projekts zusammengetragen haben. Und briefen Sie nicht, bevor Sie über ein festes Budget verfügen. Oft kommt es bei diesem Thema zu einem vergleichbaren Dialog:

Agentur: „Wie hoch ist denn Ihr Budget?"

Kunde: „Das haben wir nicht festgelegt. Da sind Sie erst einmal völlig frei!"

Agentur: „Haben Sie denn keine grobe Größenordnung?"

Kunde: „Wir wissen ja nicht, wie viel so etwas kostet!"

Agentur: „Wäre denn zum Beispiel Robbie Williams mit einer Gage von 400.000 bis 500.000 Euro für den Abend okay?"

Kunde: „Nein, das wäre auf jeden Fall viel zu teuer für uns!"

Agentur: „Aber wenn Sie wissen, dass das zu teuer ist, dann müssten Sie doch wissen, was für Sie **nicht** zu teuer wäre!?"

Kunde: „Das darf ich Ihnen nicht sagen! Gestalten Sie Ihr Angebot einfach modular, mit Optionen!"

Auch wenn ich diesen Dialog mit einem Augenzwingkern versehen habe, muss ich gestehen, dass hier eine Menge Wahrheit enthalten ist. Es grenzt schon manchmal an Zeitverschwendung für beide Seiten, wenn Briefings fundamentale Informationen fehlen.

In einem anderen Fall ging es in einem Zwischenbriefing um die neue Motivfindung für das Titelbild einer Einladungskarte zu einer Veranstaltung. Keiner unserer zehn bis dahin eingereichten Vorschläge hatte eine Zustimmung bei der leider sehr unerfahrenen Projektleiterin gefunden. Der Dialog lief in etwa folgendermaßen ab:

Agentur: „Können wir denn an einem der Motive weiterarbeiten? Oder kommt gar nichts in Frage?"

Kunde: „Nein, da ist nichts dabei!"

Agentur: „Was gefällt Ihnen an den Vorschlägen nicht? In welche Richtung sollen wir denken?"

Kunde: „Das kann ich Ihnen nicht sagen. Dafür haben wir doch die Agentur!"

Agentur: „Hat Herr Müller die Vorschläge gesehen? Er entscheidet doch am Ende selbst darüber. Welche Meinung hat er dazu? Das hilft vielleicht!"

Kunde: „Er kennt die Vorschläge nicht. Solange sie mir nicht gefallen, werde ich sie ihm nicht vorlegen!"

Agentur: „Sie können mir also nicht sagen, was genau Ihnen nicht gefällt. Sie wissen nur, dass es Ihnen nicht gefällt?"

Kunde: „Genau! Also bitte gehen Sie da nochmals ran!"

Wenn es in diesen Augenblicken nicht so tragisch wäre, könnte man tatsächlich darüber lachen! Ich habe auch schon unzählige Male Briefings oder Aufforderungen wie „Machen sie einfach was Pfiffiges!“ oder „Dieses Mal muss es irgendwie anders sein!“ gehört. Dahinter verbirgt sich große Unsicherheit und leider auch Unvermögen. Hier fehlen Inhalte, hier fehlt Substanz, hier fehlt das Briefing, das die Agentur zum Arbeiten braucht wie der Fisch das Wasser zum Überleben.

Ob zu Beginn der Konzeptphase oder im laufenden Projekt: Immer wieder müssen Sie die Ansprechpartner, die Projektleiter oder die Kreativen auf Agenturseite für die Entwicklung von Vorschlägen und Lösungen briefen. Immer wieder werden sich Ihre Anforderungen verändern, was im laufenden Prozess zu erneuten Briefings und Detailabstimmungen führt. Je mehr Sie die Agentur in die Lage versetzen, ihre Arbeit gut zu machen, umso schneller kommen Sie ans Ziel, umso erfolgreicher werden Sie am Ende sein!

Briefing-Bestandteile Teil 1: Hard Facts

- Was ist der Anlass?
- Für wen wird das Event durchgeführt?
- Wann und wo soll das Event stattfinden?
- Wie hoch ist das Budget?
- Wie ist die Zeitplanung im Projekt?

Briefing-Bestandteile Teil 2: Soft Facts

- Wie lautet die konkrete Aufgabenstellung für die Agentur?
- Welche Leistungen sind durch die Agentur zu erbringen?
- Wer ist die Zielgruppe? Welche Erkenntnisse zu Struktur, Neigungen, Ansprüchen etc. existieren?
- Wie lauten die Ziele, die mit dem Event erreicht werden sollen?
- Was sind Sinn und Zweck der Veranstaltung?
- Was sind die Inhalte der Veranstaltung?
- Welche Kernbotschaften sollen vermittelt werden?

- Was soll gelernt werden?
- Welche Konzeptbestandteile oder Programmpunkte sind unbedingt zu integrieren?
- Wie erfolgt die Einbettung in die Gesamtkommunikation?
- Welche Hürden und Probleme sind intern oder extern zu erwarten?
- Gab es in der Vergangenheit vergleichbare Veranstaltungen?
- Wie sahen diese aus?

Darüber hinaus ist das Vermitteln der Gesamtsituation des Unternehmens und der Situation, die zum Event geführt hat, wichtige Hintergrundinformationen. Die Agentur muss ein sehr gutes Gespür für die Motivlage des Unternehmens und seine Gäste bekommen, um gezielt Ideen zu entwickeln. Oft werden bei Events neue Produkte oder Dienstleistungen vorgestellt. Bei internen Veranstaltungen geht es oftmals um Abläufe und Prozesse, die vermittelt werden sollen. Ein gutes Briefing gleicht hier schon fast einer Produkt- oder Prozess-Schulung und kann auch schon einmal mehrere Stunden in Anspruch nehmen.

Zu guter Letzt empfinde ich die vielen kleinen Informationen zwischen den Zeilen als hilfreich, um konzeptionell eine gute Arbeit zu machen. Hierzu gehören durchaus auch Interessen und Neigungen des Vorstands, der am Ende die Entscheidung für das eine oder andere Konzept fällt. Hinzu kommen politische Aspekte, die intern oder extern im Zusammenhang mit der Veranstaltung stehen. Wie stehen interne Mitarbeiter oder Kunden zur Veranstaltung? Welche Hürden oder Stolperfallen sind zu erwarten? Wer muss besonders überzeugt werden und womit ist das am leichtesten zu erreichen? Welche Dinge werden immer besonders kritisch gesehen?

Die Beantwortung all dieser Fragen nimmt viel Zeit in Anspruch. Eine Agentur, die gründlich ist, wird Ihnen viele dieser Fragen stellen. Sie werden einen besonders professionellen Eindruck machen, indem Sie die Informationen zur Beantwortung dieser Fragen schriftlich, bildlich oder anders medial zusammentragen und zur weiteren Verwertung im Paket noch während des Briefings aushändigen. Im persönlichen Briefing-Gespräch sollten Sie alle Informationen und Aspekte in Ruhe erklären und durchaus interne Experten hinzuziehen, die wertvolle Hintergrundinformationen zum Beispiel zu Produkten liefern können. Bieten Sie darüber hinaus die Beantwortung von Rückfragen an, die bis zu einem bestimmten Zeitpunkt gesammelt zugeschickt werden sollten. Eine Liste potentieller Ansprechpartner zu bestimmten Themen ist für die nachträgliche Vertiefung von Inhalten ebenfalls ein für Agenturen wertvolles Angebot.

Das motivierende Fazit

Alle Agenturauswahl ist schwer. Auch die Entscheidung für oder gegen eine Wettbewerbspräsentation. Gehen Sie mit gesundem Menschenverstand vor, und hinterfragen Sie alte Gewohnheiten. Stellen Sie sich die Frage, was wirklich effektiv, was wirklich wirtschaftlich, was wirklich notwendig ist. Sie sollten weder Ihre eigene noch die Zeit von Kollegen oder Agenturen verschwenden, nur um stur Einkaufsregularien zu erfüllen. Meine Erfahrung zeigt, dass eine intensive, konstruktive Kommunikation mit Vorgesetzten und Einkaufsabteilungen alternative Wege rechts und links von vermeintlich zwingenden Regularien zulässt.

Und wenn Sie erst einmal mit Bedacht Ihre Partner und das sinnvollste Modell der Zusammenarbeit und der Arbeitsteilung gewählt haben, dann haben Sie schon viele kritische Punkte aus dem Weg geräumt. Dann haben Sie schon an dieser frühen Stelle den Grundstein für ein professionelles Event Management gelegt!

IRRTUM 5: „DAS ENTSCHEIDEN WIR IM TEAM!“

Erfolgreiches Event Management ist – wie der Name schon unmissverständlich sagt – eine Frage guten Managements. Dieser Aspekt wird von Event-Verantwortlichen leicht unterschätzt. Zu managen bedeutet, bei der verantwortungsvollen Aufgabe der Event-Realisation als verantwortlicher Projektleiter ein großes Team von internen und externen Teammitgliedern zu führen und zu Höchstleistungen anzuspornen.

Es bedeutet auch, sich intensiv mit Inhalten und Sachverhalten auseinanderzusetzen, um immer perfekt informiert und organisiert zu sein. Es bedeutet auch, viel Druck auszuhalten, denn Veranstaltungen sind oftmals politische Kraftakte. Viele Menschen werden Sie unterstützen, aber viele Vorgesetzte oder Abteilungen werden Sie nicht wie gewünscht oder versprochen supporten. Und leider sind hier auch immer Personen zu finden, die nur darauf warten, dass Sie Fehler machen! Vorstände werden immer wieder mit Richtungsänderungen und Sonderwünschen auf Sie zukommen, vielleicht mit Kostenkürzungen oder anderen großen Herausforderungen.

Unvorhersehbare Probleme werden wie aus dem Nichts auftauchen, zum Beispiel wenn Behörden kein grünes Licht für Aufbauten geben oder wenn Lieferanten kurz vor der Veranstaltung nicht das liefern oder produzieren, was besprochen und bestellt war. Kurzum: Als Event Manager brauchen Sie vor allem ein dickes Fell und starke Nerven. Sie dürfen auch in den chaotischsten Momenten niemals den Überblick verlieren, denn dann treffen Sie falsche Entscheidungen. Und die werden Ihnen zahlreich von allen Seiten abverlangt. Viele Entscheidungen können Sie selbst treffen, für viele Entscheidungen brauchen Sie aber Kollegen oder Vorgesetzte. Ich glaube, eine der hinderlichsten Eigenschaften für Event Manager ist Entscheidungsunfähigkeit oder Zaghaftigkeit.

Die folgenden sechs Management-Grundsätze für Event Manager helfen Ihnen dabei zu überprüfen, wo Sie stehen. Versuchen Sie, sich konkrete Beispiele ins Gedächtnis zu rufen, wie Sie in vergleichbaren Situationen gehandelt haben und mit welchem Erfolg. Es ist noch kein Event Manager vom Himmel gefallen, mit jedem einzelnen Projekt werden Sie erfahrener, routinierter, besser.

1. Seien Sie kompetent

Ein Event Manager muss sich auskennen! Betrachten wir nur die wichtigsten Hauptgewerke Licht-, Ton- und Medientechnik, Messebau und Catering: Hier ist ein entsprechendes Wissen über Produkte, Geräte, Materialien, Abläufe, Kosten etc. unbedingt erforderlich. Ohne Wissen und Erfahrung können Sie Planungsarbeiten, Konzepte und Angebote nicht vollumfänglich interpretieren. Die Folge ist schlichtweg: Sie wissen nicht exakt, was geliefert werden wird. Das kann zu unangenehmen Überraschungen vor und während der Veranstaltung führen.

Klar ist: Dieses Wissen kommt nicht über Nacht und auch nicht von alleine. Mit jeder Veranstaltung werden Sie Ihr Wissen vertiefen können. Sie müssen sich aber von vornherein darüber im Klaren sein, wie wichtig dieses Wissen ist, denn Sie alleine sind als Event Manager für alle Einzelgewerke verantwortlich. Und diese Verantwortung müssen Sie übernehmen. Ob Sie sie aber wirklich übernehmen sollten, hängt davon ab, wie viel Sie wissen, ob sie also kompetent genug sind. Zu Beginn einer Event-Manager-Karriere steht also der Anspruch, viel zu lernen.

Meine Empfehlung ist, direkt von einzelnen Gewerken zu lernen. Lassen Sie sich von einem Caterer sein Service-Konzept erklären. Bitten Sie den Bankett-Chef im Hotel darum, ihm einmal über die Schulter schauen zu dürfen, wenn er eine Veranstaltung durchführt. Sie werden lernen, wie sich der Service organisiert, welche Hilfsmittel die Servicekräfte benutzen und welche Funktionen es gibt. Sie lernen, Abläufe in der Küche zu verstehen, und sind dadurch sensibilisiert dafür, warum zum Beispiel das Einhalten von Zeitplänen für die Qualität der Speisen so wichtig ist, die am Ende auf dem Teller Ihrer Gäste ankommen sollen. Sie lernen auch etwas darüber, welche Gerätschaften gebraucht werden, um auf dem Punkt 100 oder mehr identische Gerichte hinauszutragen. Das versetzt Sie in die Lage, später einmal Angebote und Pläne zu interpretieren. Zum Beispiel das Catering-Angebot für eine Veranstaltung an einem Ort, an dem es keine ausgestattete Küche gibt.

Sie können sich auch mit Technikern treffen, die Ihnen als Meister für Veranstaltungstechnik einen Gesamtüberblick über die einzelnen Felder dieses komplexen Gewerks geben können. Auch hier macht es Sinn, einmal vor Ort „Backstage" mit dabei zu sein, um die Dinge live im Einsatz zu sehen und zu verstehen, welche Komponenten es gibt, wie sie zusammenspielen und welche Alternativen es gibt.

Nehmen wir nur einmal das Thema Bilderzeugung: Was unterscheidet einen DLP von einem LCD-Projektor? Was bedeutet ANSI-Lumen? Welche Vorteile hat die LED-Wand gegenüber der Projektion? Welche Leinwandgröße passt zu welcher Projektorleistung? Was ist Soft-Edge? Was gehört zur Bildregie?

Alle diese Fragen werden Sie sich mit hundertprozentiger Sicherheit bei Ihren Veranstaltungen stellen. Und ich bin der Meinung, dass Sie die Beantwortung solcher Fragen nicht nur Ihren Dienstleistern überlassen dürfen. Nur wenn Sie selbst das Wissen haben, um diese und viele andere Fragen zu anderen Gewerken wenigstens im Grundsatz zu beantworten, sind Sie in der Lage, vollumfänglich den Überblick zu behalten und die richtigen Entscheidung zu treffen. Denn am Ende müssen Sie selbst entscheiden, ob Sie der Empfehlung oder dem Vorschlag des Dienstleisters oder Lieferanten folgen oder nicht. Solche Entscheidungen müssen auf Grundlage von Wissen und Erfahrung getroffen werden. Gleichermaßen dürfen Sie solche Entscheidungen nicht von sich wegschieben, denn dann geben Sie die Verantwortung aus der Hand. Und das ist aus meiner Sicht für einen Event Manager fahrlässig.

Fazit: Seien Sie kompetent! Interessieren Sie sich für die vielen kleinen und großen Dinge, die bei einer Veranstaltung entstehen, die gebraucht, gebaut oder benutzt werden. Mein guter Rat dabei: Überschätzen Sie sich nicht. Sie geben sich keine Blöße, wenn Sie bei Ihrer Agentur oder beim Lieferanten nachfragen, um Dinge besser zu verstehen. Gehen Sie allem, was Sie nicht verstehen, auf den Grund, und schieben Sie den Aufbau von Wissen nicht vor sich her, sondern machen Sie sich konkret Gedanken darüber, wer Ihnen wann und wie fehlendes Wissen vermitteln kann. Sollten Sie inhaltlich einmal überfordert sein, macht ein Sparringspartner Sinn, dem Sie vertrauen können und der in Ihrem Sinne handelt und entscheidet. Das kann der Projektleiter der Event-Agentur sein oder der freie Regisseur, von dem bereits ausführlich die Rede war.

2. Seien Sie gründlich

Gründlichkeit ist für einen Event Manager eine Tugend. Gründlich zu sein, bedeutet, an alles zu denken, sich für alles zu interessieren. Gründlich zu sein, bedeutet auch, jederzeit die Finanzlage des Projekts zu kennen und die wichtigsten zeitlichen Meilensteine und Termine im Kopf zu haben. Gründlich zu sein, bedeutet, nachzubohren, wo Sie ein ungutes Gefühl haben. Und Gründlichkeit bedeutet auch, die Arbeit des Teams zu prüfen, um ganz sicherzugehen, dass auch die anderen an alles gedacht haben. Im Grunde werden Sie als Event Manager zu einer Art „Kontroll-Freak". Das macht Sie nicht überall beliebt, aber dafür erfolgreich. Dazu ein Beispiel:

Die Nachbarabteilung liefert Ihnen Exponate zur Veranstaltung, die in einem kleinen Ausstellungsbereich im Foyer des Veranstaltungsorts auf einer Kundenveranstaltung aufgebaut werden sollen. Beim Aufbau der Exponate vor Ort kurz vor der Veranstaltung stellen Sie fest, dass einige Exponate optisch nicht mehr in Ordnung sind und dass die Informationstafeln fehlen, die immer neben den Exponaten aufgestellt werden müssen. Auf Nachfrage in der Firma teilt man Ihnen mit, dass die Exponate aus Kostengründen schon seit zwei Jahren nicht mehr überarbeitet wurden und man aktuell nicht weiß, wo die Informationstafeln sind ... Wären Sie gründlich gewesen, hätten Sie sich mehrere Wochen vor der Veranstaltung selbst von der Qualität der Exponate überzeugt und hätten sie sich ganz pragmatisch auf dem Lager angeschaut. Dann wäre Ihnen auch aufgefallen, dass die Informationstafeln fehlen, und es wäre sowohl Zeit für Restaurierungsarbeiten als auch für die Produktion der Informationstafeln gewesen.

Selbstverständlich können solche einfachen Aufgaben auch delegiert werden, sie dürfen aber nicht unter den Tisch fallen. Sie dürfen nie vergessen: Mängel, die Ihnen erst vor Ort kurz vor der Veranstaltung auffallen, können eventuell nicht mehr rechtzeitig behoben werden. Dinge, an die Sie nicht denken, werden Ihnen irgendwann negativ vor die Füße fallen. Aufgrund solcher leicht vermeidbaren Probleme geben Veranstalter oft zusätzliches Geld für Leistungen aus, die spontan und schnell – dann zu überhöhten Preisen – erbracht werden müssen, um solche Dinge „auszubügeln".

Auch wenn es sich bei dem genannten Beispiel um eine kleine Angelegenheit handelt, ist der Unterschied zwischen Gründlichkeit und Oberflächlichkeit immens. Wenn Sie als Event Manager für eine Veranstaltung die Gesamtverantwortung tragen, dürfen Sie nicht blind der Leistung und Zuverlässigkeit der Teammitglieder, externer Lieferanten oder Agenturen vertrauen. Es hilft, sich regelmäßig und mitunter sehr intensiv mit allen Beteiligten auszutauschen und begründet oder auch nur testweise an einigen Stellen inhaltlich und organisatorisch in die

Tiefe zu gehen. Dann sollten Sie sehr gezielt Fragen stellen und Probleme, die auftauchen, oder Lösungen, die besprochen wurden, akribisch auf ihre Umsetzung hin nachhalten. Sie fragen zum Beispiel, ob – um auf das Beispiel zurückzukommen – sich jemand persönlich vom einwandfreien Zustand der Exponate überzeugt hat!

Nutzen Sie professionelle Hilfsmittel wie eine Projektplanungs-Software (z. B. Microsoft Project), und machen Sie die hier entstehenden Pläne und Vorgaben allen internen und externen Teammitgliedern zugänglich. Darüber hinaus brauchen Sie Listen, die nur Sie persönlich führen, in denen Sie sortiert nach Gewerken alles, was Ihnen zwischendurch einfällt, aufschreiben. So stellen Sie sicher, dass wichtige Geistesblitze nicht in Vergessenheit geraten.

Etwa eine Woche vor der Veranstaltung ist dann die Zeit für den finalen Check gekommen, ob von allen wirklich an alles gedacht wurde. Im Team beobachte ich dann oft ein unsystematisches Reflektieren der wichtigsten Dinge. Schnell werden gedanklich die wichtigsten Dinge abgehakt. Für meinen Geschmack oftmals zu schnell. Ich bremse das Team dann und verlange, dass wir uns alle ganz bewusst und intensiv in die Rolle der Gäste versetzen. Und die beginnt nicht beim Auftritt des Künstlers auf der Bühne, sondern bereits bei der Anreise. Versuchen Sie, jeden kleinsten Schritt des Gastes gedanklich nachzuahmen. Stellen Sie sich vor, was er sieht, was er braucht, was um ihn herum passiert. Halten Sie diese Sichtweise bewusst bis zum Ende der Veranstaltung durch. Sie können einhundertprozentig sicher sein, dass Ihnen noch viele Dinge auf- oder einfallen, die jetzt noch erledigt werden sollten.

Ganz konkret hört sich der Dialog des Teams am Tisch in etwa folgendermaßen an: „Gut, wir shutteln die Gäste ja nicht. Sie finden den Parkplatz über die Anfahrtsbeschreibung auf der Eintrittskarte. Haben wir die Beschilderung für die Zufahrt über die wichtigsten Hauptstraßen in der Produktion?" „Ja." „Wer wird die aufhängen?" „Das macht die Location." „Gut, die Gäste fahren auf den Parkplatz. Die Parkplatzeinweiser sind bestellt? Wie viele?" „Drei." „Ich halte drei für zu wenig, bitte nochmals die Erfahrungswerte abfragen, wie viele Fahrzeuge die in welcher Zeit handeln können. Wir dürfen nicht vergessen, dass die Gäste alle innerhalb von ca. 30 Minuten ankommen." „Gut." „Die Gäste erreichen den Haupteingang. Hier hängt das produzierte Banner. Haben wir an die zusätzlichen

Architekturscheinwerfer und an den Roten Teppich gedacht? Gut. Wir brauchen zu dem Zeitpunkt den Fotografen draußen, damit er Bilder von den ankommenden Gästen macht. Bitte in den Regieplan mit aufnehmen. Wenn die Gäste drinnen ankommen, ist die Garderobe linker Hand. Haben wir dafür eine Beschilderung? Nein? Ich befürchte, die sehen das nicht. Wir brauchen hier noch ein großes Schild über Kopf, sonst laufen die Gäste mit Ihrer Garderobe in den Saal. Das gibt ein Durcheinander. Begrüßung drinnen durch unsere vier Hostessen. Haben wir das Abendkleid für die Damen ausgesucht? Prima! Hat der Kunde die Halstücher mit Logo geliefert? Bringen die mit? Auch gut. Wer macht das Hostessen-Briefing? Inhalte bitte nochmals mit mir abstimmen, wenn ihr das habt. Von wem kommt das Garderobenpersonal?" „Von der Halle." „Auch die Marken? Okay. Aber nur zwei Personen? Das reicht auf keinen Fall, denn das Wetter ist wahrscheinlich schlecht. Das heißt, die meisten Gäste haben etwas abzugeben. Wir müssen ca. 500 Jacken in 30 Minuten bewältigen. Bitte Rücksprache dazu halten. Ich möchte auf keinen Fall eine Schlange an der Garderobe ..."

Gründlichkeit bedeutet auch hier wieder, nicht schnell über Einzelheiten hinwegzugehen, sondern bis ins kleinste Detail nachzufragen, Dinge sicherzustellen oder schnell auf den Weg zu bringen.

Fazit: Je genauer und gründlicher Sie vor allem bei allen organisatorischen Einzelheiten sind und vorgehen, umso mehr Sicherheit für einen reibungslosen Ablauf der Veranstaltung haben Sie. Wie ich eingangs erwähnte, wird es immer Teammitglieder geben, die sich dadurch kontrolliert fühlen und mitunter auch genervt sind. Lassen Sie sich davon nicht beeindrucken. Machen Sie dem Team vielmehr klar, dass jedem Fehler passieren können und dass schnell einmal etwas vergessen wird. Und nur wenn der eine sich für die Arbeit des anderen interessiert, können Fehler oder Versäumnisse zuverlässig entdeckt und behoben werden!

3. Seien Sie pragmatisch

Veranstaltungen sind keine theoretischen Gebilde. Vielmehr etwas absolut konkretes, etwas Anfassbares, etwas Erlebbares. Wer als Event Manager verkopft handelt, ist am Ende stark in der Theorie, aber vielleicht zu schwach in der Praxis. Neben aller Strategie und Konzeption ist der überwiegende Teil der Arbeit eines Event Managers das Organisieren. Wer hier zu viel theoretisiert, ist schlichtweg zu langsam. Wer hier nicht klar strukturiert und pragmatisch vorgeht, verzettelt sich.

Ich erlebe auf Kundenseite oftmals eine sehr komplizierte Herangehensweise an im Grunde simple Aufgaben- oder Fragestellungen. Hier müssen Sie als Event Manager Hilfestellung leisten, mit gutem Beispiel vorangehen und mit guter Methodik eine konstruktive Bewegung in die offenen Dinge bringen. Denn mitunter ist auch Ihr eigener Arbeitsfortschritt davon abhängig. Ich plädiere dann oft für ein entsprechendes Arbeitsmeeting mit konkret beschriebener Zielsetzung. Definieren Sie vorher, was Sie gemeinsam erarbeiten, abstimmen und auch entscheiden wollen. Zu einem gesunden Pragmatismus gehört auch das Protokollieren von Entscheidungen, damit sich alle Beteiligten auch noch eine Woche später daran erinnern. Auch hier habe ich oftmals die negative Erfahrung gemacht, dass einmal besprochene und entschiedene Dinge erneut in Frage gestellt und erneut diskutiert werden. Das führt zu Zeitverlust und signifikanten Mehraufwendungen im Organisationsteam, weil unter Umständen bereits umgesetzte Dinge wieder geändert werden müssen.

Pragmatisch zu sein, bedeutet für einen Event Manager auch, eine schnelle Lösung für Probleme oder alternative Wege zum Ziel zu finden. Besonders wenn etwas nicht so läuft, wie es sollte. Dann muss ein Event Manager zeigen, was in ihm steckt, wie stark sein Nervenkostüm wirklich ist! Was tun beim Stromausfall? Was tun, wenn die Künstler nicht im richtigen Moment auf die Bühne gehen? Was tun, wenn der Service des Caterers zu langsam ist? Was tun, wenn etwas nicht so läuft, wie es soll? Dann müssen Sie vor allem Ruhe bewahren! Wem hier die Nerven durchgehen, der verliert den Blick für das Wesentliche. Wer panisch wird, steckt andere damit an und kann kaum noch Teil einer vernünftigen Lösung sein. Wer sofort nach Schuldigen sucht, verschwendet wertvolle Zeit auf etwas, das sinnvollerweise später zu klären ist. Pannen sind aus Sicht eines Event Managers furchtbar, aber leider muss man sie einkalkulieren. Pragmatisch zu sein, bedeutet also auch, sich schon vorher über das eine oder andere Fallback-Szenario Gedanken zu machen und somit für Alternativen zu sorgen.

Fazit: Pragmatismus im Event Management macht Ihre Arbeit ungemein effektiv. Drehen sich andere bei der Lösung von Problemen oder der Entscheidungsfindung im Kreis, zeigen Sie mit gesundem Menschenverstand die Alternativen sowie die Vor- und Nachteile auf. Sie nehmen bewusst eine andere Perspektive ein, zum Beispiel die des Gastes oder die des Vorstands, und kommen somit schnell auf Ideen, die das Team einer Lösung näherbringt. Der strukturierte und pragmatische Blick auf Erfordernisse und Zusammenhänge macht Sie zu einem bevorzugten Partner auf vielen Ebenen.

4. Seien Sie entscheidungsfreudig

„Schauen wir mal!" oder „Darüber müssen wir noch einmal genau nachdenken!", sind Sätze, die einem Event Manager nicht gut stehen. Machen Sie sich klar, dass Sie es sich nicht leisten können, Zeit zu verschwenden. Entscheidungen sollten nicht ohne Grund aufgeschoben werden, denn die geplante Veranstaltung kann auch nicht aufgeschoben werden. Für einen Event Manager gibt es im Laufe eines Projekts viel zu entscheiden. Einige Entscheidungen haben mitunter eine große Tragweite. Hierzu zählen insbesondere Budget- und Partnerentscheidungen. Bei zahlreichen Entscheidungen müssen Sie Ihre Vorgesetzten einbeziehen, bei anderen Ihre Teammitglieder, bei wieder anderen Entscheidungen niemanden.

Um Entscheidungen treffen zu können, brauchen Sie auf der einen Seite Kompetenzen und auf der anderen Seite Entscheidungsgrundlagen. Die Kompetenz für eine Entscheidung kann formal bei Ihnen oder einer anderen Person oder einem anderen Personenkreis, zum Beispiel bei der Geschäftsführung, liegen. Ich wundere mich oftmals darüber, wie viele detaillierte Entscheidungsvorlagen auf dem Tisch der Bereichsleitung, der Geschäftsleitung oder gar dem Vorstand landen. Die Notwendigkeit, oftmals auch einfachere Entscheidungsfindungen nach oben zu delegieren, kann sicher vielfach in Frage gestellt werden. Solche Vorgänge verlangsamen ein Projekt ungemein, denn Top-Führungskräfte sind oftmals über einen längeren Zeitraum nicht zugänglich. Dann wartet ein ganzes internes und externes Team auf eine Entscheidung. Sobald das Team aber nicht länger warten kann, die Entscheidung aber noch nicht getroffen werden konnte, werden parallel mehrere Varianten verfolgt, was Zeit und Geld kostet. Mitunter prognostiziert man den Ausgang einer potentiellen Entscheidung und handelt mit Glück richtig, mit Pech erst einmal falsch. Dann müssen erarbeitete Dinge mit Zusatzaufwand wieder korrigiert werden.

Leider wird es zu Beginn eines Projekts oft versäumt, Kompetenzen klar zu regeln. Dabei sind die wichtigsten, richtungweisenden Entscheidungen vorherzusehen. Oftmals sind Entscheidungskompetenzen dermaßen unklar, dass „Event Manager" sogar den Text auf der Einladungskarte von der Geschäftsleitung absegnen lassen müssen.

Top-Führungskräfte, die um eine Entscheidung gebeten werden, empfinden diesen Umstand zunächst einmal als schmeichelhaft, schließlich sind ihre Kompetenz und Erfahrung in diesem Moment gefragt. Wer wird hierzu schon Nein sagen? Das würde eine Führungskraft schon aus Höflichkeitsgründen nicht tun. Das alles bedeutet aber längst nicht, dass diese Führungskraft gar kein Problem damit gehabt hätte, die Entscheidung von vornherein zu delegieren, weil sie dem Event-Team die richtigen Entscheidungen zutraut. Es ist also schon zum Projektstart eine offene Kommunikation über die Kompetenzen des Projektteams gefragt.

Es gibt neben ungeklärten Entscheidungskompetenzen weitere Gründe dafür, warum Entscheidungen schleppend oder gar nicht getroffen werden. Ein Grund dafür ist Angst, noch ein Grund ist Basisdemokratie.

Viele Event Manager oder auch dem Team vorgestellte Führungskräfte sind verunsichert. Das kann innenpolitische Gründe haben, aber auch daher rühren, dass sie noch nie zuvor in einer vergleichbaren Situationen waren und sich somit nicht auf Erfahrungswerte verlassen können. Zu entscheiden, ob Künstler A oder Künstler B die richtige Wahl ist, kann einer Führungskraft ohne Event- oder Entertainment-Erfahrung sehr schwer fallen. Hinzu kommen politische Aspekte, die Entscheidungen so lange hinauszögern, bis sie fast zum Show-Stopper werden. Ich erlebe diesen sehr unangenehmen Umstand oftmals bei der Entscheidung für Kommunikationskonzepte bei sehr öffentlichkeitswirksamen Veranstaltungen. Aus Angst vor interner oder externer Kritik am Konzept werden dann Entscheidungen hinausgezögert oder wiederum weiterdelegiert. Leider sind die Event Manager und ihre Teams am Ende die Leidtragenden, denn mit jedem Tag, der ohne eine notwendige Entscheidung verstreicht, macht deren Arbeit schwieriger. Ich erlebe oft, dass Event Manager auf Unternehmensseite offenbar jede Kleinigkeit im Team besprechen wollen. Von der Serviettenfarbe bis zur Verabschiedung des Programmablaufs. Scheinbar alles muss mit Kollegen oder dem Chef abgestimmt werden. Eine solche lähmende Organisationsstruktur muss auf die Projektarbeit einer Veranstaltung angepasst werden. Selbstbewusste und erfahrene Event Manager treffen alle ihnen zustehenden Entscheidungen selbst und sorgen mit Nachdruck für Entscheidungen auf oberer Ebene, sollten sie sonst ihre Kompetenz überschreiten.

Wen oder was auch immer Sie für eine Entscheidung brauchen, Sie sollten sich vorher darüber im Klaren sein. Fragen Sie sich also bei wichtigen Entscheidungen:

- Habe ich eine verlässliche Entscheidungsgrundlage geschaffen? Liegen dafür alle relevanten Daten und auch Alternativen vor? Kann ich Vor- und Nachteile beziehungsweise Folgen der einen oder anderen Entscheidung überzeugend und realistisch darstellen?
- Wen muss ich tatsächlich in den Entscheidungsprozess einbeziehen? Muss die Angelegenheit also zwingend mit allen Personen diskutiert werden, die zum Meeting eingeladen sind? Fördern die anwesenden Personen eine Entscheidung, die dem Projekt vielleicht nicht zuträglich ist?
- Kann ich die Entscheidung alleine fällen? Muss ich die Entscheidungsalternativen zwingend mit jemandem abstimmen, oder habe ich die Kompetenz, diese Sache selbst zu entscheiden? Macht trotzdem ein Vier-Augen-Prinzip Sinn? Wen kann ich als Verbündeten für die Entscheidungsfindung gewinnen?

Fazit: Die Zeit, die durch zu lange Entscheidungsprozesse auf oberer Ebene verloren wird, kann an Stellen, an denen der Event Manager die Entscheidung selbst in der Hand hat, wieder aufgeholt werden. Dann müssen Sie Übersicht und Entscheidungsfreudigkeit beweisen. Vermeiden Sie basisdemokratische Entscheidungsfindungen, denn dann kommen Sie nicht schnell genug ans Ziel. Sie können es auch nicht jedem recht machen, Meinungen sind natürlicherweise verschieden. Sie tragen die Verantwortung für das Projekt, dann tragen Sie auch die Verantwortung für Ihre Entscheidungen. Das soll keine Ermutigung für Alleingänge sein, sondern Ihnen bewusst machen, dass Sie Verantwortung übernehmen sollen. Ihr Team wird begeistert sein, wenn es weiß, dass Sie Entscheidungen treffen, wenn es darauf ankommt!

5. Seien Sie kommunikativ

Erfolgreiches Event Management ist vor allem Erfahrungssache. Viele Dinge, auf die es ankommt, stehen leider nicht in klassischen Lehrbüchern. Hier lesen Sie normalerweise nichts darüber, wie wichtig es ist, mit seinem Team, mit Kunden und externen Partnern im ständigen Dialog zu sein. Nur wer sich kontinuierlich austauscht, kann etwas lernen. Nur wer nachfragt und Interesse zeigt, bekommt wertvolle Informationen.

Als Event Manager müssen Sie vor allem ein Team Player sein. Jemand, der offen auf Menschen zugeht, sich für das Individuum und für seine Aufgabe interessiert. Das Team, das Sie führen, möchte Sie gut kennen, will wissen, was das für ein Mensch ist, der projektverantwortliche Event Manager. Die Teams werden oft interdisziplinär zusammengesetzt, in Unternehmen kommen Menschen aus verschiedenen Abteilungen zusammen und bilden neue Organisationskomitees. Besonders bei einer neuen Zusammensetzung des Teams, in dem sich die einzelnen Mitglieder nicht gut kennen, oder dem Sie als Projektverantwortlicher unbekannt sind, müssen Sie den Dialog suchen. Sowohl in der Gemeinschaft als auch in Einzelgesprächen.

Der Grund dafür liegt auf der Hand: Nur wenn Ihnen die Mannschaft vertraut, wird sie Ihnen gegenüber ehrlich sein, nur dann wird es in der Kommunikation keine Vorbehalte geben. Sind Sie hingegen reserviert, unnahbar, nicht ansprech- oder erreichbar, bauen Sie Barrieren auf, die vor allem dazu führen: zu Informationsverlust. Und den können Sie sich in einem Veranstaltungsprojekt nicht leisten. Sie müssen sich immer wieder bewusst machen, welche Folgen es haben kann, wenn man Ihnen wichtige Informationen vorenthält. Das können Fehler sein, die jemandem passiert sind. Das können Informationen der Agentur zum Arbeitsfortschritt sein, das können Fragestellungen von Vorgesetzten sein.

Fazit: Sie müssen als Event Manager die am besten informierte Person im gesamten Spiel sein. Denn dann haben Sie die beste Ausgangslage geschaffen, um jederzeit Herr der Lage zu sein, zu agieren anstatt zu reagieren. Dann können Sie Entscheidungen rechtzeitig treffen, dann bemerken Sie früh genug, wo es klemmt. Suchen Sie als Event Manager den Dialog mit allen Teammitgliedern, Partnern und involvierten Vorgesetzten. Das schafft Vertrauen in Ihre Person und wirkt sich insgesamt beruhigend auf das gesamte Projekt aus. Dabei zählt das kurze Gespräch in der Teeküche genauso viel wie die Präsentation beim Vorstand!

6. Seien Sie motivierend

Als Event Manager müssen Sie Führungskraft sein. Ob Sie zu einer akzeptierten und erfolgreichen Führungskraft werden, hängt von Ihnen ab. Sich nur den Titel umzuhängen, und wenn es nur für ein einzelnes Projekt ist, reicht nicht aus. Ich möchte Sie deshalb dazu aufrufen, sich mit einigen grundlegenden Eigenschaften zu beschäftigen, die Ihnen dabei helfen, zu einem guten Event Manager zu werden.

Eine dieser Eigenschaften ist die Fähigkeit, andere zu motivieren. Über den Mythos Motivation ist viel geschrieben und viel diskutiert worden. Alleine das Stichwort „Motivation" erzielt auf Google über 53 Millionen Suchergebnisse. Die eine Fraktion erklärt, Fremdmotivation ist eine Lüge, jeder Mensch kann sich nur selbst motivieren. Motivation wirke – wenn überhaupt – dann nur kurzfristig, und mit negativen Folgen. Die andere Fraktion wird nicht müde, die besten Motivationsstrategien für Vorgesetzte, Mitarbeiter oder die eigenen Kinder herunterzubeten. Ich habe nicht vor, mich auf die eine oder die andere Seite zu schlagen. Ich möchte Sie vielmehr ermuntern, sich grundsätzlich mit diesem Thema auseinanderzusetzen. Der Grund dafür ist denkbar einfach: Jedes Event ist ein Team-Erfolg. Alleine werden Sie keine Veranstaltung zum Erfolg führen können. Sie sind also auf ein funktionierendes Team angewiesen, und ich bin davon überzeugt, dass Teams umso besser funktionieren, je motivierter die einzelnen Teammitglieder sind. Motivierte Teammitglieder identifizieren sich stärker mit ihren Aufgaben, sind aufmerksamer, engagierter, fleißiger und leistungsstärker. Es reicht nicht, nur einige wenige motivierte Personen im Team zu haben, während der Rest in destruktiver Einstellung verharrt. Solche Störenfriede beeinflussen schlechtestenfalls negativ die zu Beginn noch positiv auf das Projekt gestimmten Mitarbeiter und verschlechtern die Leistungsfähigkeit des gesamten Teams nachhaltig.

Sie können die Teammitglieder nicht mit monetären Sonderprämien im Erfolgsfall motivieren, auch nicht mit einem neuen Schreibtisch. Auch wenn Sie im Projekt der Vorgesetzte sind, werden Sie in aller Regel nicht die volle Personalverantwortung für die Teammitglieder haben. Unabhängig davon, wie gut oder wie schlecht solche einfachen extrinsischen Mittel greifen, Sie stehen Ihnen nicht zur Verfügung. Effektiver und realistischer in der Umsetzung sind für Sie solche Motivationsinstrumente, die auf menschlicher, emotionaler Ebene funktionieren und nicht durch Geld oder Sachprämien greifen sollen.

Freude steckt an!

Das Projekt selbst bietet Ihnen eine große Unterstützung bei der Motivation Ihres Teams, denn Veranstaltungen machen Spaß! Oft genug sind Events mit besonderen Erlebnissen verknüpft, finden an außergewöhnlichen Orten statt, bieten eine willkommene Abwechslung zum sonstigen Arbeitsalltag. Events sind also etwas, auf das man sich freuen kann! Diesen einfachen Umstand können Sie sich zunutze machen, indem Sie im Team oft davon erzählen, wie sehr Sie sich selbst auf die Veranstaltung freuen. Auf welches Detail besonders, auf welchen Showact, auf welche Person. Freude steckt an und zählt sicherlich zu den effektivsten Motivationsinstrumenten überhaupt. Für die Dinge, die uns Freude bereiten, engagieren wir uns schließlich besonders! Wenn Sie selbst für die Sache brennen und es Ihnen gelingt, auch andere zu entzünden, dann haben Sie schon viel erreicht. Dann können Sie sich der vollen Teamunterstützung sicher sein.

Hinter jedem Teammitglied steckt ein Mensch!

Betrachten Sie den einzelnen Mitarbeiter, das einzelne Teammitglied als Menschen, den Dinge interessieren, den Dinge bewegen. Finden Sie heraus, was ihm Spaß macht, was er leiden kann und was nicht. Interessieren Sie sich für seine berufliche Vergangenheit, erfahren Sie, so viel Sie können, über ihn. Diese Informationen helfen Ihnen dabei, ihn richtig einzusetzen und ihn mit Aufgaben zu betrauen, die ihm Spaß machen und die er besonders gut – besser als andere – bewältigen kann. Das sorgt für wertvolle Eigenmotivation.

Jeder Mensch sucht Anerkennung. Also loben Sie, und zwar konkret. Zollen Sie Anerkennung für die stimmige Budgetaufstellung, für die erfolgreiche Verhandlung mit dem Techniklieferanten, für die kreative Präsentationsvorbereitung. Genauso konkret muss auch Ihre Kritik ausfallen, wenn Fehler passieren oder Dinge nicht laufen, wie sie sollen. Hier zählen Fairness und Ehrlichkeit. Ihre Teammitglieder sollten sich zweier Dinge bei Ihnen sicher sein: Sie kritisieren, wenn nötig, und Sie loben, wenn möglich! Nehmen Sie sich solche kleinen Motivationsspritzen konkret vor; Sie werden schnell merken, dass sich die Stimmung im Team kurzfristig hebt und man Ihnen großen Respekt entgegenbringt. Diese einfache Methodik wird in unserem Kulturkreis durch das Weltbild der „Herrscher und Sklaven" leichtsinnigerweise von vielen Führungskräften missachtet. Manager wollen vor allem hart sein, denn das ist oberflächlich gesehen das allgemeingültige Erfolgsrezept. Härte bedeutet vor allem, viel zu fordern. Es bedeutet leider nicht, den Menschen hinter der Leistung als Individuum zu erkennen, das ein Bedürfnis nach Anerkennung hat. Gehen Sie einen anderen Weg. Seien Sie hart in der Sache, aber loyal und menschlich im Umgang mit Ihrem Team und Ihren Partnern.

Stellen Sie sich einmal den folgenden, einfachen Umstand vor: Sie haben Anette im Team. Anette ist eine alleinerziehende, voll berufstätige Mutter von zwei kleinen Kindern. Die Veranstaltung, die Ihr Team realisiert, findet im Ausland statt, das Team wird über eine Woche vor Ort sein müssen. Viele Mitarbeiter aus anderen Abteilungen wollen mit dabei sein, viele drängen sich geradezu auf. Für Anette ist es von Beginn an, als sie in dieses Team berufen wurde, eine hohe emotionale Belastung, denn sie fürchtet sich davor, ihre Kinder so lange alleine zu lassen. Aus Scham und aus Angst vor Ihrer Zurückweisung behält sie diesen Umstand für sich. Es würde sich für Anette also ungemein motivierend auswirken, wenn Sie diesen Umstand erkennen und sie fragen, ob sie lieber nicht mit ins Ausland reisen möchte. Sie kann trotzdem Teil des Teams bleiben, vor Ort wird dafür leicht eine Lösung gefunden. Nur wenn Sie sich für den Menschen Anette interessieren, werden Sie erkennen, welche Probleme an dieser Stelle schlummern und wie Sie zur Lösung beitragen können. Anette würde ein Stein vom Herzen fallen, und was glauben Sie: Würde Sie sich jetzt noch mehr ins Zeug legen?

Gemeinschaft stärkt!

Bei aller Professionalität und bei allem Pflichtbewusstsein müssen Sie auch einmal das Projekt beiseitelegen. Dann ist Zeit für ein gemeinsames Essen, für eine kleine After-Work-Party im Büro oder in der Bar in der Stadt. Besonders bei Veranstaltungsprojekten mit langem Vorlauf machen solche inoffiziellen Treffen Sinn. Als verantwortlicher Event Manager müssen Sie solche Anlässe planen und schaffen und dürfen sie nicht dem Zufall überlassen.

Wenn Sie beispielsweise ein Agentur-Jour-Fix eingeführt haben, können Sie ein legeres Beisammensein gut damit verbinden. Versuchen Sie, so viele interne und externe Teammitglieder wie möglich dazu zu bewegen, dabei zu sein. Gemeinschaft emotionalisiert, macht Spaß, motiviert. Sie tragen damit indirekt zu einem besseren Klima im Team und zu einer besseren, effektiveren Zusammenarbeit bei. Sie schaffen mit solchen Treffen eine Kommunikationsplattform für alle, um sich besser kennenzulernen. Sie fördern die direkte Kommunikation zwischen internen Kollegen und zwischen internen und externen Stellen. Sie reduzieren also Schnittstellenprobleme, und durch die gesteigert bilaterale Kommunikation erfahren Sie eine Entlastung: Es geht weniger über Ihren Tisch, Ihr E-Mail-Postfach oder über Ihr Telefon, denn alle Projektbeteiligten reden mehr miteinander anstatt übereinander.

Das motivierende Fazit

Die Aufgaben eines Event Managers verlangen Ihnen mehr ab als Kreativität und Organisationstalent. Vieles dreht sich um hartes Wissen und um erfolgreiches Führen. Dieses große Feld mit so unterschiedlichen Herausforderungen birgt einen besonderen Reiz. Mir selbst macht es bis heute großen Spaß, mich einerseits mit Technik auseinanderzusetzen, andererseits dann wieder mit einer Menüauswahl, dann wieder mit Inszenierung, Showacts oder prominenten Persönlichkeiten. Vieles wird Ihnen zu Beginn „spanisch“ vorkommen, aber haben Sie den Mut, den Weg zu gehen, seien Sie hungrig nach Wissen und Erfahrung. Schon bei Ihrer zweiten Veranstaltung profitieren Sie ungemein von den Erfahrungen Ihres Debüts. Und neben allem Wissen zu den einzelnen Gewerken, zu Abläufen und Methoden sind die genannten Tugenden so wichtig, die helfen, Ihr Team und damit letztlich Sie selbst erfolgreich zu machen. Zu managen heißt eben nicht, alles selbst zu machen, sondern ein leistungsfähiges Team zu führen, das von Ihnen Führungsqualitäten erwartet. Hier lernen Sie nicht nur für das nächste Projekt, sondern auch für Ihr gesamtes Berufsleben!

WAS SIE ÜBER DESIGN, INSZENIERUNG UND DRAMATURGIE WISSEN SOLLTEN

- **Irrtum 6: „Das halten wir schön schlicht!“**
  Veranstaltungsdesign und Medienproduktion

  Genau wie die Medien und Publikationen Ihres Unternehmens oder Ihrer Marke muss auch Ihr Event äußerlich unverwechselbar sein. Die Entwicklung eines spezifischen Veranstaltungsdesigns muss daher zentraler Punkt der Event-Konzeption sein. Hier reichen die Banner vor dem Gebäude bei Weitem nicht aus. Die Möglichkeiten sind vielfältig, hier sind Kreativität und Expertise gefragt. Darüber hinaus spielen Medien eine entscheidende Rolle bei der audiovisuellen Ausgestaltung der Veranstaltung. Wer bei Design und Medien zu oberflächlich bleibt, läuft Gefahr, die Marke zu schwächen oder zu verwässern.

- **Irrtum 7: „Entertainment ist Luxus!“**
  Entertainment, Dramaturgie und Inszenierung

  Eine Veranstaltung funktioniert wie ein erfolgreiches Theaterstück, wie ein mitreißender Kinofilm, wie ein fesselndes Buch: Sie folgt den Gesetzen der Dramaturgie. Es existieren zahlreiche Stilmittel und inszenatorische Möglichkeiten, um Informationen zu transportieren, zu emotionalisieren und Botschaften auf den Punkt zu bringen. Ob Menschen eine Veranstaltung gelangweilt oder bewegt verlassen, ist keine Sache des Zufalls. Wer sich hier die richtigen Gedanken macht, den Mut hat, neue Wege zu gehen und unkonventionell zu sein, schafft nachhaltige Erlebnisse, die im Gedächtnis bleiben.

Ein paar Zahlen zum Nachdenken

- Die Hälfte aller Veranstalter hält die positive Reaktion auf eine Einladung für die größte Herausforderung bei Events.
- In den USA nutzen 40 Prozent der Unternehmen soziale Netzwerke (z. B. Twitter) für die eigene Event-Promotion.
- Das am meisten genutzte Medium für die Event-Promotion ist E-Mail. Das am wenigsten genutzte Medium sind Anzeigen in Magazinen.
- 13,6 Prozent der Veranstalter haben keine Erfahrungen mit Online-Tools für ihr Event Marketing.

  Quelle: Constant Contact/Hubspot 2011

Irrtum 6: „Das halten wir schön schlicht!"

Ein Event ist ein Fußabdruck Ihres Unternehmens, Ihrer Marke, Ihres Produkts. Alles hat ein unverwechselbares Erscheinungsbild, das sich in Logos, Signets, Bildwelten, Typografien oder anderen gestalterischen Mitteln manifestiert. Das Veranstaltungsdesign und die Medienproduktion müssen deshalb Bestandteile des integrierten Kommunikationskonzepts Ihrer Veranstaltung sein.

Events sind die Plattform für das Erschaffen von Marken- und Erlebniswelten, deshalb spricht man auch von Erlebnis-Marketing. Jedes Event wird zwangsläufig zum Erlebnis, denn es beschränkt sich nicht auf den passiven Konsum eines Mediums. Vielmehr sind es physisch wahrnehmbare Ereignisse, die immer mit einer Interaktion des Gastes oder eines Teilnehmers verbunden sind. Die erste Interaktion erfolgt bereits bei der Einladung zur Veranstaltung. In aller Regel mittels einer Einladungskarte oder eines Briefs per Post, auf den der potentielle Gast mit einer Anmeldung reagieren soll.

Das Kommunikationskonzept für eine Veranstaltung und das dazugehörige Veranstaltungsdesign setzen also schon im Vorfeld der Veranstaltung an. Oftmals werden im Anschluss an Veranstaltungen Dankesschreiben verschickt, oder Gäste erhalten noch vor Ort oder auf dem Hotelzimmer liegend ein Gastgeschenk. Das sind nachgelagerte Aktionen, die ebenfalls stimmig zu integrieren sind und im Idealfall ein rundes Gesamtbild ergeben. Das Veranstaltungsdesign als Bestandteil eigens für die Veranstaltung produzierter Medien ist also das Erste und auch das Letzte, was Ihre Gäste von der Veranstaltung wahrnehmen.

Das Erscheinungsbild, das Design Ihrer Veranstaltung, bildet demnach eine visuelle Klammer. Sie soll schon zu Beginn des Dialogs mit den potentiellen Gästen zur Teilnahme motivieren. Das Design muss deshalb von Beginn an visuell die kommunizierten Botschaften unterstützen und ein für die potentiellen Gäste attraktives Gesamtkonzept transportieren. Dieser Anspruch bleibt über die gesamte Dauer des Projekts bestehen und reicht wie erwähnt vom Erstkontakt bis zu nachgelagerten, abschließenden Aktionen und Medien.

Leider definieren die unternehmensinternen Style-Guides oftmals erstaunlich wenige Facetten eines potentiellen Veranstaltungsdesigns im Sinne der Marke. Mit ein bisschen Glück findet man Gestaltungsvorschriften für Banner, Namensschilder, Fahrzeugbeschriftungen und ähnliche profane Dinge. Das macht die Arbeit für den Event Manager beziehungsweise für beauftragte Designer nicht einfacher. Fehlende Standards sorgen zwangsläufig dafür, dass Events einer Marke im Erscheinungsbild zum Teil erheblich variieren. Es kann daher ein grundsätzliches Ziel für Sie sein, aktuell bestehende Corporate-Design-Leitfäden um Elemente zu erweitern, die standardmäßiger Teil Ihrer Veranstaltungen sind: Ein einheitliches Veranstaltungsdesign lässt sich auf eine Vielzahl unterschiedlicher Dinge projizieren. Audio-visuelle Medien, Bauten, Dekorationselemente, Gebrauchsgegenstände, Transportmittel, Präsentationen oder Kleidung sind nur die wichtigsten und gängigsten Elemente.

Zum Veranstaltungsdesign zähle ich nicht nur Medien, sondern auch eine Reihe anderer Elemente, die visuell wirken. Dazu zählt auch der Veranstaltungsort oder das Service-Personal des Caterings. Im Grunde muss alles, was visuell und haptisch erfahrbar ist, bewusster Bestandteil des Veranstaltungsdesigns sein. Zumindest besteht bei diesen Dingen die Chance, sie in das Veranstaltungsdesign zu integrieren – je nachdem, welchen Aufwand man betreiben will und was das Budget hergibt. B2C-Marken gehen hinsichtlich des Veranstaltungsdesigns sehr konsequent und progressiv vor, damit zum Beispiel bei publikumsstarken, öffentlichen Events für jeden Gast nachhaltig erkennbar ist, welche Marke der Veranstalter ist. So reicht es Coca-Cola nicht, einfach einen Weihnachtsmarkt ins Leben zu rufen, hier hat man vor vielen Jahren den Coca-Cola-Truck erfunden, der Kern des Veranstaltungsdesigns ist und der sich visuell wie ein Roter Faden durch Medien und Veranstaltungen zieht.

Bei der Übertragung oder Anwendung eines spezifischen Veranstaltungsdesigns können Sie progressiv oder auch zurückhaltender in der Umsetzung vorgehen. Auf jeden Fall aber sollten Sie frühzeitig überlegen, was sinnvoll ist, und entsprechende Konzepte entwickeln lassen. Denn sowohl die Konzeption als auch die konsequente Umsetzung eines einheitlichen Veranstaltungsdesigns sowie die Produktion der einzelnen Dinge oder Medien brauchen Zeit und bergen viel Abstimmungsbedarf. Hier muss zwischen unterschiedlichen Disziplinen sowohl in der Konzeption als auch in der anschließenden Umsetzung unterschieden werden:

Welchen Look hat das Event?

Der grundsätzliche Look des Events orientiert sich an den Inhalten und Botschaften oder am Zweck der Veranstaltung. Diese inhaltliche Meta-Ebene lässt sich oftmals treffend in ein Veranstaltungsmotto gießen, das zentraler Bestandteil der grafischen Veranstaltungswelt ist.

Soll zum Beispiel eine Außendienstmannschaft auf das kommende Geschäftsjahr und auf potentiell steigende Umsätze eingeschworen werden, so orientiert sich das Motto an diesem Ziel: „For a better future!" Geht es um die Partnerschaft mit Kunden während einer Kundenveranstaltung, so könnte das Motto lauten: „Gemeinsam mehr erreichen!"

Mottos müssen sich aber nicht immer an übergeordneten Zielen oder Inhalten orientieren, es kommen auch einfachere Veranstaltungsnamen in Frage, die Hinweise auf die Gestaltung und das Programm liefern. Lautet der Veranstaltungsname für das Kunden-Event „Casino Royale", so ist klar, worum es geht: Das Event wird zum Casino, es kann gezockt werden. Lautet der Veranstaltungsname „Rock me Amadeus", ist das ein Hinweis auf die Musik Mozarts und den gleichnamigen Titel von Falco. Es ist klar, dass Musik im Mittelpunkt des Programms stehen wird.

Die Wahl des richtigen Veranstaltungsmottos oder -namens ist anspruchsvoll. Es darf weder zu abgedroschen klingen noch zu abgehoben. Auch die Entscheidung für die richtige Sprache ist wichtig: Reichen die Englischkenntnisse der Zielgruppe für ein englischsprachiges Motto aus? Klingt das Motto auf Deutsch modern genug? Lässt sich das Motto gegebenenfalls adäquat in Fremdsprachen übersetzen, sofern notwendig? Viele Mottos klingen in englischer Sprache gut, sind prägnant und kurz. In deutscher Sprache allerdings lässt sich der gleiche Inhalt weniger ästhetisch im Klang übersetzen. Besonders dann, wenn Redewendungen zum Motto werden, wird eine Übersetzung in Fremdsprachen immer schwerfallen. Wird Ihr Event allerdings „exportiert", sollen also auch andere Länder das Veranstaltungskonzept aufgreifen, so muss von vornherein sichergestellt sein, dass eine Übersetzung möglich ist, ohne dabei Eleganz, Prägnanz oder Verständlichkeit einzubüßen.

Ist die Entscheidung für das Motto gefallen, folgt die Visualisierung. Oft werden Signets oder Logos entwickelt, die das Motto als Wort-Bild-Marke umsetzen. Dann werden grafische Elemente oder ganze Bildwelten hinzugefügt, um den Inhalt maximal aufzuladen oder über die Bilder weitere Informationen zu transportieren. Das ist die Aufgabe von Grafik-Designern, die hier Motive, Farben und Typografie definieren und darüber hinaus auch bestimmte Einsatzmöglichkeiten in der Umsetzung vorschlagen: Einsatz des Mottos auf Medien wie Eintrittskarten, Programmheften, Bannern etc. Aber auch auf Kleidung oder im Raum an Wänden, auf Tafeln, in Präsentationen etc.

Die grafische Umsetzung des Veranstaltungsmottos in Form eines Signets, Key Visuals oder Logos führt zur Definition weiterer Facetten, die das visuelle Erscheinungsbild Ihrer Veranstaltung prägen. Zwei Facetten sind die Form- und Farbwelt. Die Farbwelt muss mit Ihren Unternehmensfarben korrespondieren, darf aber auch neue, für die Veranstaltung passende Akzente setzen. Kommen Messebauten zum Einsatz, um den Veranstaltungsort entsprechend individuell zu gestalten oder mit neuem Nutzen zu versehen, so ist die Farb- und Formensprache in Korrespondenz zum Key Visual und der Typografie ein wichtiges Design-Element, das Ihrer Veranstaltung Individualität verleiht. Formsprache wird in der Regel durch Architekten entwickelt, nicht durch Grafik-Designer. Architekten können eingeschaltet werden, um Dekorationsbauten wie zum Beispiel Raumtrenner oder Podeste zu entwerfen, aber auch, um den Bühnenbau, die Wandgestaltung, ein Raum-im-Raum-Konzept oder das Mobiliar zu definieren.

Legt man diese Veranstaltungselemente in die Hand professioneller Architekten, so verursacht man zwar einen entsprechenden Kostenaufwand, allerdings werden Sie den Unterschied schnell sehen. Null-acht-fünfzehn-Mobiliar, Systembauwände des Messebauers, ein schwarzer Bühnenvorhang oder der einfachste Rips-Teppichboden funktionieren auch, haben aber mit einem individuellen Veranstaltungsdesign nicht viel zu tun.

Zu guter Letzt ist der Veranstaltungsort selbst eines der auffälligsten visuellen Elemente der Veranstaltung. Ich habe schon Veranstaltungen realisiert, bei denen der Veranstaltungsort in seiner Ursprünglichkeit nicht mehr zu erkennen war, weil ein Raum-in-Raum-Konzept realisiert wurde. Für die Umsetzung mancher Erlebniswelten muss die Halle zweckmäßig sein, dann werden eigene Räume in

Messehallen oder Mehrzweckhallen integriert, um absolut individuell aufzutreten.

Im umgekehrten Fall sucht man einen Veranstaltungsort, der schon möglichst viel Besonderheit, viel Individualität mitbringt. Hier ist der Ort selbst das Konzept. Das kann ein Strand am Meer oder ein Tagungszentrum auf der Zugspitze sein. Solche außergewöhnlichen Veranstaltungsorte werden nicht zufällig gewählt, sondern sind integrierter Bestandteil des Veranstaltungsdesigns. Hierbei zahlt der Ort gleichzeitig auf weitere Bestandteile des ganzheitlichen Veranstaltungsorts ein, denn das Barbecue am Strand wirkt nicht nur visuell. Das Rauschen der Wellen, das Kreischen der Möwen, der Geruch des Salzwassers, das Gefühl, auf Sand zu laufen ...

Wie fühlt sich das Event an?

Veranstaltungen sind Erlebnisse, und der Mensch erlebt mit allen Sinnen. Nicht nur durch das Sehen. Wir fühlt sich die Veranstaltung an? Welche haptischen Erlebnisse sollen oder können Ihre Veranstaltungsgäste haben?

Durch Haptik lassen sich auch viele Dinge kommunizieren. Zum Beispiel Qualität: Jeder weiß, wie sich Leder anfühlt. Und jeder weiß, wie sich im Gegensatz dazu minderwertiges Kunstleder anfühlt. Besonders, wenn man längere Zeit darauf sitzt. Kunstleder ist Plastik, nimmt keine Flüssigkeit auf. Die Folge: An Beinen und Hinterteil fängt man an zu schwitzen. Leder hingegen fühlt sich wärmer an, samtiger. Man spürt die Feuchtigkeit des Schwitzens nicht, denn das Leder kann die Feuchtigkeit aufnehmen. Sie geben also ein Statement ab, wenn die Oberflächen oder Polster der Loungemöbel, der Stühle oder der Barhocker aus Leder sind. Das spiegelt einen hohen Qualitätsanspruch wider. Nicht, dass Sie mich falsch verstehen: Einfache, günstigere Lösungen haben genauso ihre Berechtigung wie hochwertige, teurere Lösungen. Wichtig ist nur, dass die Entscheidung für das eine oder andere wohlüberlegt und richtig ist. Zu viel Understatement halte ich genauso für falsch wie zu protzen oder übertriebene Wertigkeit an Stellen, an denen sie niemand von Ihnen erwartet.

Die Entscheidung nach den Materialien muss zur Zielgruppe und zum Anlass passen. Wollen Sie die Gäste den Abend über auf den nackten, harten und kalten Hallenboden stellen oder einen weichen Teppichboden bieten? Lieber kühle, moderne Glasstehtische ohne Tischdecke oder besser den einfachen Tisch mit klassischer Tischwäsche, die sich gut und warm anfühlt, aber auch konservativer aussieht?

Viele Events vergehen, ohne dass die Gäste Produkte in die Hand nehmen und ausprobieren können. Besonders wenn Ihr Unternehmen solche Produkte herstellt, die mühelos zur Veranstaltung transportiert und dort ausgestellt werden können, muss überlegt werden, ob sie nicht sinnvoll integriert werden können. Und selbst wenn es nur eine kleine Ausstellung im Foyer ist, hier haben Sie die Chance auf weitere Interaktion und schenken den Gästen ein wertvolles haptisches Erlebnis.

Wie hört sich das Event an?

Wie klingt Ihre Veranstaltung? Was ist zu hören? Wir alle lieben Musik, nutzen viele Gelegenheiten im Auto, beim Sport oder beim Relaxen auf der Couch, um sie zu hören. Wir kennen die Tonfolge mit den fünf Noten des Audio-Logos der deutschen Telekom. Und vielleicht auch den „Heartbeat" der Vier Audi-Ringe. Geräusche, einzelne Töne, Melodien oder ganze Songs werden zum festen Bestandteil von Marken. Und das nicht ohne Grund. Bilder oder Texte wirken in Kombination mit hörbaren Reizen deutlich stärker. Machen Sie sich also für Ihre Veranstaltung bewusst Gedanken darüber, was zu hören sein soll, wie sie visuelle Reize zu audio-visuellen Reizen machen können.

Das musikalische Konzept beginnt bereits mit der Entscheidung für die Hintergrundmusik zum Einlass. Geht der Redner später vielleicht auch eingerahmt in ein kurzes Musik-Jingle auf die Bühne? Werden Videos oder andere Medienprogramme auf der Bühnenleinwand oder auf Monitoren im Foyer gezeigt? Wenn ja, welche Musik beinhalten sie? Später im Verlauf des Abends: Welche Band spielt während der Party und welchen Musikstil hat sie? Was für Musikstücke soll der DJ spielen?

Ich bin der Meinung, dass sowohl die Hintergrundmusik als auch die Band zur Marke passen müssen. Die Reggae-Band passt bestimmt nicht zum Presse-Event rund um den neuen Porsche 911, aber vielleicht gut in die Präsentation des neuen AIDA-Schiffs. Es darf auch an dieser Stelle nicht nur um persönlichen Geschmack gehen, sondern auch hier müssen Marken- und Produktimage durch die Musik gestärkt und repräsentiert werden.

Ich habe als Gast schon zahlreiche Veranstaltungen erlebt, bei denen Musik leider gar keine Rolle spielte. Dabei ist Musik das emotionalste Medium überhaupt. Songs transportieren Botschaften, Hymnen schweißen zusammen, eine perfekte Party braucht die perfekte Tanzmusik. Vielleicht kommen Sie auch in den Genuss, einmal einen bekannten Musik-Act zu buchen. Bleiben Sie hier am Ball, Sie sollten wissen, was und wer angesagt ist, Trends und beliebte Künstler kennen.

Wie riecht und schmeckt das Event?

Sie haben es vielleicht schon selbst einmal erlebt: Sie betreten ein Hotel, und das Erste, was Sie wahrnehmen, noch bevor Ihr Verstand die von Ihren Augen erfassten Motive sortiert hat, ist der einzigartige, künstliche Geruch des Hotels.

Man kann von diesem Trend, die Klimaanlagenluft zu parfümieren, halten, was man will. Er hat seine Daseinsberechtigung. Denn auch der Geruchssinn ist einer der menschlichen Sinne, und ihn zu füttern, sorgt für Emotionen, für nachhaltige Erinnerungen, für Sympathie. Natürlich ist das – mehr als an anderen Stellen – Geschmackssache. Und somit birgt dieses Gestaltungsmittel auch seine eigenen Risiken. Da ist der tolle Duft vielleicht nicht immer weit genug vom nervigen Geruch entfernt.

Unabhängig von diesen Mitteln, die heute längst in Shops, Shopping-Malls, Hotel-Lobbys und an vielen anderen Plätzen zum Einsatz kommen, sollten Sie überlegen, wie Ihr Veranstaltungsort riecht oder während der Veranstaltung riechen wird. Auch die richtige Klimatisierung ist für einen guten Geruch entscheidend: Herrscht draußen hochsommerliche Hitze, die sich bis auf die Tanzfläche fortsetzt, dann kann die Gäste-Transpiration für ungewollt negatives Geruchsdesign Ihrer Veranstaltung sorgen.

Dann stellt sich die Frage, was Sie den Gästen quasi „unter die Nase reiben". Was landet auf den Tellern vor den Gesichtern der Gäste? Wie also riecht und schmeckt Ihre Veranstaltung an dieser so wichtigen Stelle, dem Essen? Sie können sich absolut sicher sein: Auch Jahre nach Ihrer Veranstaltung wird man sich noch sehr detailliert an das sehr gute oder das (hoffentlich nicht) sehr schlechte Essen erinnern. Weniger detailliert wird man sich an die einleitenden Begrüßungsworte des Top-Managers auf der Bühne erinnern können. Das klingt banal, ist es auch. Leider aber ist es auch die Wahrheit. Denken Sie einfach einmal testweise an Veranstaltungen, die Sie selbst als Gast besucht haben, und versuchen Sie, sich detailliert ans Essen zu erinnern. Es wird Ihnen wahrscheinlich ohne Weiteres gelingen!

Mit der Qualität des Essens steht und fällt die gesamte Veranstaltung. Man kann also das Essen gar nicht ernst genug nehmen. Hier geht es um die visuelle Präsentation der Speisen auf dem Buffet oder auf den Tellern. Es geht um den Duft, den es verbreitet, und letztlich natürlich um den Geschmack. Sie sprechen also mit den Speisen und den Getränken gleich mehrere Sinne an. Da ist es nur logisch, dass sich die kulinarischen Erlebnisse einer Veranstaltung geradezu ins Gedächtnis brennen wie die Gitterstäbe des Grillrosts in das Filetsteak.

Sie fragen sich jetzt vielleicht: Was hat das mit Veranstaltungsdesign zu tun? Ich bin der Meinung: sehr viel. Etwas so Wichtiges wie Speisen und Getränke müssen sich nahtlos ins Veranstaltungskonzept einfügen und bilden nicht nur einen notwendigen Programmbestandteil, sondern sind Teil eines multisensorischen Erlebnisses, das auch in Art und Visualität im Detail konzeptionell geplant werden muss. Insofern kann es durchaus zum Veranstaltungsdesign gezählt werden. Dazu bietet das Catering eine Menge Möglichkeiten, ein individuelles kulinarisches Konzept aufzubauen. Dazu ein Beispiel:

Für einen Medizintechnik-Hersteller realisierte meine Agentur eine Abendveranstaltung für 1.500 Kunden. Die Gäste waren allesamt Mund-Kiefer-Gesichtschirurgen sowie Zahnärzte und Zahntechniker. Wir erschufen den „Emergency Room", so lautete schlussendlich auch der Titel der Veranstaltung. Dieser Emergency Room war ein individuell gebauter, 1.400 Quadratmeter großer Raum in einer großen Mehrzweckhalle. Boden und Wände waren durch Vorhänge und Teppichboden komplett weiß umgesetzt. Weißes Mobiliar, weiße Loungemöbel. Grüne Akzente durch Beleuchtung, grüne LED-Lichter in den Stehtischen, und das Service-Personal des Caterers: natürlich in original OP-Kleidung. Die Gäste erhielten im Vorfeld einen Hinweis mit der Bitte um weiße Kleidung. Dieses in dieser Dimension sehr beeindruckende weiß-grüne Design der Veranstaltung entsprach eins zu eins dem Corporate Design des Kunden, dessen Primärfarben Weiß und Dunkelgrün sind.

Das Catering fügte sich nahtlos in dieses Konzept ein: Die Tomaten-Essenz wurde zum Beispiel im Reagenzglas gereicht, das Caprese in der Petrischale. Nachfolgend lesen Sie die komplette Speisenauswahl:

Getränke

Methanol-Traubensaft, weiß oder rot

2010er Chardonnay Chevalier Alexis Lichine

2010er Merlot Chevalier Alexis Lichine Bordeaux, Frankreich

Gerstensaft (homöopathisches Arzneimittel)

Gaffel Kölsch

Gaffel Kölsch alkoholfrei (für Babys und Kinder geeignet)

Carlsberg

H2O-Infusion

Gerolsteiner Sprudel

Gerolsteiner Naturell

Aus dem Reagenzglas

Coca-Cola

Coca-Cola light

Fanta

Sprite

Apfelschorle

Malzbier

Hustensaft

Averna Cola

<u>Flying- und Frontcooking-Buffet</u>
<u>"emergency room"</u>

Im Flying-Service

(kalt)

Infusion von Kirschtomate im Reagenzglas Riesengarnele im Speck-Streck-Verband mit Tomatensalsa

Kalbfleischscheiben mit aufgezogener Thunfischsaucenspritze

Mit Balsamicocreme und Olivenöl gesalbtes Antipasti-Gemüse

Caprese „verwirrt" in der Petrischale

(warm)

Medaillon vom Schweinefilet auf eisenhaltigem Spinat und Kartoffelpillen

Verunfallte Entenbrust auf Schmorgemüse Omega-3-Lachsfilet mit Risottokapseln

Frontcooking

Shiatzu massierte und stationär behandeltes Kokos-Hühnchen mit Diätgemüse und Frischluftreis

Vegetarisches Bami-Goreng mit Erdnuss-Chilli-Sauce

Dessert

Crêpes „Suzette" frisch vom OP-Tisch mit Orangenmarmelade

Vitaminreiche Moussevariationen mit Frucht und Schokolade

Vierbettzimmer von Früchten am Spieß

Genesener Hefekuchen mit Mascarponecreme

Wer ist der richtige „Designer“?

Wenn Sie den Anspruch haben, Ihre Veranstaltung durch alle Facetten hindurch audio-visuell, haptisch und bis hin zum Geschmack und Geruch bewusst zu gestalten, dann ist die Wahl der richtigen „Designer“ für den Erfolg bei Konzeption und Umsetzung entscheidend. Wie beschrieben darf sich das Veranstaltungsdesign nicht nur auf visuelle Dinge beziehen, auf einen grafisch Roten Faden, den ein Grafiker entwickelt. Veranstaltungsdesign muss auf vielen Ebenen bei vielen Dingen funktionieren, immer dann, wenn die Sinne des Gastes angesprochen werden. Immer dann sind Gestaltungsfragen im Spiel, dann sind Material- oder Formfragen im Spiel oder die Frage nach dem Geschmack von Speisen und Getränken.

Während ein Grafiker Signets entwickelt, Wandbespielungen, Einladungskarten oder Programmhefte umsetzt, gehört das Design von Architekturelementen beispielsweise in die Hände von Architekten oder Innenarchitekten. Kommen Bauten oder Ausbauten bei Ihrer Veranstaltung zum Tragen, sollten eventerfahrene Innenarchitekten Anmutungen und Grundrisse bis hin zu aussagekräftigen 3D-Animationen oder Einzel-Renderings für Ihre Präsentation entwickeln. Grafiker sind hiermit sowohl hinsichtlich ihrer Ausbildung als auch ihrer Erfahrungswerte und ihrer technischen Möglichkeiten überfordert. Sollte Ihr Unternehmen eine feste Zusammenarbeit mit einem Messebauer pflegen, so werden Sie in seinem Team wahrscheinlich eine adäquate Person für diese Aufgabe finden. Selbstverständlich muss dieser Architekt Hand in Hand mit dem Grafiker arbeiten, der die grafische Leitlinie, den grafischen Roten Faden entwickelt hat. Hier müssen Farb- und Formsprache, der Einsatz von Bildern und Typografie aufeinander abgestimmt sein. Der Gast, der Ihr individuelles Veranstaltungsdesign das erste Mal auf der Einladungskarte des Grafikers wahrnimmt, muss, wenn er die Veranstaltungshalle betritt, diese gedruckte Welt jetzt physisch und real wiederfinden.

Für die übrige Mediengestaltung, ob im Rahmen von Videos, Präsentationen oder digitalen Medien, muss das ursprünglich geschaffene, grafische Veranstaltungsdesign Vorlage sein. Fordern Sie eine enge Zusammenarbeit der verschiedenen Dienstleister ein und dulden Sie keine Eigendynamik. Das Screen-Design der Veranstaltungs-App sollte den gleichen Look haben wie die Menükarte auf dem Stehtisch. Der kurze Videoclip, der als Veranstaltungs-Intro eingesetzt wird, sollte die gleichen grafischen Elemente aufweisen, wie die Gäste sie schon in der Einladungskarte gesehen haben.

Übersicht über alle Medien und Elemente, die ein individuelles Veranstaltungsdesign widerspiegeln können:

1. **Key Visual / Signet**

   Individuelles Gestaltungselement, das durch Typografie, Bildwelt oder grafische Elemente sowie das Unternehmens- oder Marken-Logo einen direkten Veranstaltungsbezug herstellt. Es ist flexibel einsetzbar und findet sich normalerweise in allen für die Veranstaltung produzierten Medien wieder.

2. **Einladungsprocedere**

   Manchmal einstufig, manchmal mehrstufig. Unterschiedliche Medien können hier aufeinander aufbauen, um einen Spannungsbogen bis zur Veranstaltung aufrechtzuerhalten oder um das Event immer wieder in die Köpfe der potentiellen Gäste zu bekommen. Hierzu zählen in der Hauptsache speziell gestaltete E-Mail-Einladungen, Einladungskarten, persönliche Anschreiben per Brief, Terminblocker (Save-the-dates) als Vorabankündigung, Programmhefte, Eintrittskarten, Teilnahmebestätigungen. Manchmal bilden auch verschickte Utensilien den Auftakt (z. B. ein T-Shirt mit aufgedruckten Event-Daten für Mitarbeiter, die das T-Shirt dann zur Veranstaltung mitbringen und anziehen sollen).

3. **Leitsysteme**

   Alles, was medial vor der Tür stattfindet: Beschriftungen für Shuttle-Bus oder VIP-Taxis, Beschriftung des eigenen Counters am Bahnhof, im Flughafen oder im Hotel, Wegweiser und sonstige Beschilderungen, Fahnen, Flaggen und Banner.

4. **Messebau und andere Bauten**

   Ausstellungsbau, Dekorationsbau oder Bühnenbau müssen das individuelle Veranstaltungsdesign widerspiegeln und gleichzeitig die markentypischen Design-Attribute zitieren. Hier kommen häufig individuell für die Veranstaltung entwickelte Bildwelten und typografische Elemente in Form von Schlagworten oder Mottos zum Einsatz. Ein weiterer Bestandteil der Architektur ist das Mobiliar, das in seinem Design klassisch oder sehr modern geprägt sein kann. Auch die Farb- und Materialwahl sollte hier unbedingt zum Veranstaltungsdesign passen.

5. **Medienproduktion**

   Zahlreiche Medien kommen bei Veranstaltungen zum Einsatz. Sie liegen als Druckerzeugnis aus, flimmern über Monitore oder werden auf Leinwände projiziert. Bis hin zum Namensschild am Revers des Gastes sollte sich auf allen für die Veranstaltung produzierten Medien das spezifische Corporate Design des Events wiederfinden. Bei Vortrags- oder Schulungsveranstaltungen machen eigens angelegte PowerPoint- oder Keynote-Master Sinn, um eine ästhetische Einheitlichkeit zu wahren. Video-Trailer, Filme oder sonstige Medienprogramme bieten ebenfalls genügend Gestaltungsfreiraum, um das Veranstaltungsdesign zu zitieren. Darüber hinaus sind die digitalen Medien in Betracht zu ziehen: Immer mehr Applikationen für Smartphones oder Tablets kommen auf Veranstaltungen zum Einsatz. Ob zu Informations-, Präsentations-, oder zu Dialogzwecken – auch hier macht das Aufgreifen des unverwechselbaren Veranstaltungsdesigns einen besonders professionellen Gesamteindruck.

6. **Dekoration und sonstige Ausstattung**

   Hierzu gehören alle bisher nicht genannten Dinge, die ebenfalls nahtlos in das visuelle Gesamtkonzept Ihrer Veranstaltung integriert werden sollten. Eine Menge Gestaltungsspielraum bietet beispielsweise die Tischdekoration: Es muss nicht immer das 08/15-Blumengesteck in der Mitte des Bankett- oder Stehtisches sein. Oft machen hier kreative Ideen mit kleinen Utensilien den Unterschied. Andere Dekorationselemente wie Inflatables, Megaposter oder sonstige Wandbespielungen sind ebenfalls individuell zu gestalten und lenken alleine schon durch ihre Größe viel Aufmerksamkeit auf sich. Auch vermeintlich einfache Dinge oder Materialien wie Bodenbeläge sollten in das Design-Konzept der Veranstaltung integriert werden: Warum nicht einmal echten Rasen beim Indoor-Event ausrollen, wenn Themen wie ökologische Nachhaltigkeit im Vordergrund stehen?

Das motivierende Fazit

Ein im Detail durchdachtes Veranstaltungsdesign ist eine Sache von Erfahrung und Kreativität, eine Sache der richtigen Partner und auch eine Sache des Budgets. Unabhängig von den eigenen Rahmenbedingungen und Möglichkeiten macht es immer Sinn, im Großen und im Kleinen zu überlegen, wie Sie Ihre Veranstaltung zu einer unverwechselbaren Visitenkarte Ihres Unternehmens oder Ihrer Marke machen. Veranstaltungsdesign ist der Schlüssel dazu.

Leider fallen viele Maßnahmen, die zum Veranstaltungsdesign gezählt werden müssen, dem Rotstift zum Opfer, vielfach wird das Thema insgesamt stiefmütterlich behandelt. Bleibt das Veranstaltungsdesign unausgegoren, bleibt es unvollständig oder gar ungenutzt, so fehlt Ihnen ein wichtiges Bindeglied zwischen Live-Erlebnis und kommunizierten Inhalten. Zudem wird die Veranstaltung hinsichtlich des Absenders immer austauschbarer, je weniger ein visueller Zusammenhang zur Marke oder dem Unternehmen hergestellt wird. Aus diesem Grund sind Sparmaßnahmen an dieser Stelle durchaus in Frage zu stellen.

Planen Sie die Entwicklung eines unverwechselbaren Veranstaltungsdesigns von Beginn an in Ihr Projekt ein, holen Sie alle betreffenden Gewerke an einen Tisch und diskutieren Sie optionale Richtungen und Optionen. Versuchen Sie, in Anlehnung an das Corporate Design Ihrer Marke sowie an das inhaltliche Veranstaltungskonzept audio-visuelle, haptische, geschmackliche anders wahrnehmbare Anker abzuleiten, die in Materialien, Dekorationselementen, im Catering oder in anderen Dingen Ausdruck finden können. Damit werten Sie das Live-Erlebnis der Gäste im Sinne des Unternehmens oder der Marke nachhaltig auf!

IRRTUM 7: „ENTERTAINMENT IST LUXUS!“

Marketing Events sind Live-Erlebnisse, bei denen Botschaften zum Unternehmen, zur Marke, zu Produkten oder Dienstleistungen vermittelt werden sollen. Ziele sind Markenbindung, Kundenbindung, Absatzsteigerung, Imagebildung oder andere Marketing-Ziele. Aber nicht nur Unternehmen nutzen Live-Marketing, sondern auch Institutionen. Sie wollen Events beispielsweise zur Spendengenerierung nutzen und deshalb glaubhaft den Sinn und die Notwendigkeit Ihrer Arbeit vermitteln. Unternehmen oder Institutionen nutzen Veranstaltungen als Kommunikationsinstrument, weil das Live-Erlebnis für mehr Emotionen sorgt. Emotionen sind der Schlüssel dazu, Inhalte und Botschaften nachhaltig zu verankern.

Umso unverständlicher ist die Tatsache, dass die Chance auf die emotionale Ausgestaltung von Veranstaltungen oftmals gar nicht oder nicht konsequent genug genutzt wird. Dann werden Veranstaltungen auf die Aneinanderreihung einzelner Programmpunkte reduziert, die weder verzahnt sind noch das Potential für emotionale Erlebnisse bieten. In meiner Beratungstätigkeit steht deshalb zu Beginn eines Veranstaltungsprojekts die Überzeugungsarbeit für die Integration inszenatorischer Mittel regelmäßig im Vordergrund. Leider oftmals vergebens: Dann werden auf Kundenseite Chancen für die emotionale und nachhaltige Ausgestaltung der Veranstaltung nicht genutzt. In den meisten Fällen fehlt der Mut, einmal neue Wege zu gehen und auf diejenigen zu vertrauen, die Erfahrung haben mit Entertainment, mit Dramaturgie und Inszenierung.

Die Ausgestaltung einer Veranstaltung ohne derartig emotionsstiftende Elemente widerspricht dem Kommunikationsinstrument an sich. Dann kann durchaus das Potential einer gesamten Veranstaltung in Frage gestellt werden. Dann werden Veranstaltungen zum Selbstzweck, ohne Blick auf die Kommunikationsziele. Dann wird die Veranstaltung durchgeführt, weil sie immer genau so durchgeführt wurde, dann wird auf Entertainment oder auf Inszenierungen verzichtet, weil sie „nicht zur Zielgruppe passen“ oder man für solche „Spielereien“ kein Geld ausgeben möchte. Hinzu kommt die Angst vor negativer Meinungsmache: Inszenierungen mit Künstlern oder entsprechendem Medieneinsatz sehen in den Augen vieler Kunden teuer und übertrieben aus und werden in die Schublade „purer Luxus“ geschoben. Ich drehe den Spieß um: Eine Veranstaltung, die versucht, ohne solche Elemente auszukommen, wird mit großer Wahrscheinlichkeit bei der

Zielgruppe effektlos bleiben. Denn wer Menschen nicht begeistert, kann sie nicht überzeugen. Begeisterung entsteht während eines Events überwiegend durch den gezielten Einsatz inszenatorischer Mittel. Dann werden Botschaften auf der Bühne erlebbar gemacht, Akteure bringen im Spiel komplexe Zusammenhänge auf den Punkt, Medienprogramme kommunizieren mit emotionalen Bildern. Entfallen solche Elemente, bleibt den anwesenden Gästen meist nur noch der Konsum des gesprochenen Wortes aus Richtung des Rednerpults. Selten allerdings kann die Qualität der Redner, kann der Inhalt von Reden oder Vorträgen ausreichend begeistern. Und fehlt die Begeisterung, fehlt der Kommunikation die Kraft, sich nachhaltig im Bewusstsein zu verankern. Eine Veranstaltung ohne Effekt bei der anwesenden Zielgruppe ist in meinen Augen der pure Luxus, denn Luxus hat die Eigenschaft, gar nicht notwendig zu sein.

Also: Wer A sagt, muss auch B sagen: Live-Kommunikation darf sich nicht auf Vorträge und Catering beschränken. Auch die Live-Band, die nach dem Essen für Partymusik sorgt, hat zwar etwas mit Entertainment, aber noch nichts mit Dramaturgie und Inszenierung zu tun. Um es auf den Punkt zu bringen: Wer ein Marketing-Event lediglich als Forum für Reden und Vorträge benutzt, sollte besser ein Webinar abhalten oder Broschüren verschicken. Das geht schneller und verursacht nur einen Bruchteil der Kosten. Wer hingegen alle zur Verfügung stehenden Mittel einsetzt, um Inhalte zu emotionalisieren, um für Interaktion zu sorgen, wer Stilmittel mischt und Spannung erzeugt, der hat verstanden, warum und wie Live-Kommunikation funktioniert. Für den sind am Ende die inszenatorischen Mittel kein Luxus, sondern eine Notwendigkeit auf dem Weg, definierte Ziele zu erreichen.

Seit Jahrtausenden Meister der Dramaturgie und Inszenierung: die Kirche

Wer sich mit wenig Aufwand viele Anregungen in Sachen Dramaturgie und Inszenierung holen will, braucht nicht weit über den Tellerrand zu schauen: Die Rede ist von der katholischen Kirche, die jeden Sonntag in ganz Deutschland tausende kleiner „Events", die Gottesdienste, abhält. Aus Sicht der Gläubigen oder der Kirchenbesucher ist die Qualität der Gottesdienste sicherlich sehr unterschiedlich, mal interessant und mitreißend, mal langatmig und schwer. Aber fest steht: Die Kirche setzt im Prinzip auf die gleichen Mechanismen der Live-

Kommunikation, wie es auch Unternehmen oder andere Institutionen im Bereich des Event Marketings tun.

Das ist nicht weiter verwunderlich, denn auch die christliche Kirche verfolgt Kommunikationsziele. Das tut sie seit vielen tausend Jahren. Die Kirche muss die „Frohe Botschaft“ vermitteln, das Wort Gottes, das in der Bibel geschrieben steht. Hunderte Seiten Inhalt – den kaum jemand insgesamt lesen oder inhaltlich im Detail komplett durchdringen kann! Die Kirche ist aber darauf angewiesen, Menschen mit ihrer Botschaft zu erreichen und Inhalte in den Köpfen und Herzen zu verankern. Denn am Ende sollen die Menschen im Sinne der Kirche handeln, sollen sich engagieren, sich zum Glauben bekennen, sogar Geld spenden. Sie sollen das, was sie lernen, weitererzählen, sollen andere Menschen begeistern und damit ein positiver Multiplikator sein. Die Kirche hat das Ziel, überzeugender zu sein als andere Religionen, muss Menschen nachhaltig an sich binden. Kommen Ihnen diese Aspekte aus Sicht Ihres Unternehmens nicht bekannt vor?

Nicht, dass wir uns falsch verstehen: Es ist nicht meine Absicht, die Motivation der Kirche, ihre Kommunikationsinstrumente, den Gottesdienst an sich zu kritisieren. Dazu und zum Glauben an Gott kann jeder stehen, wie er will, das ist eine höchst persönliche Sache! Nüchtern betrachtet steht eines aber fest: Über Jahrtausende hat die katholische Kirche strategisches Wissen über die Kunst der Inszenierung zusammengetragen und beherrscht die Live-Kommunikation dank des gezielten und wohlüberlegten Einsatzes unterschiedlicher erzählerischer sowie Aktions- oder Interaktionsmittel.

Betrachten wir zunächst die Inhaltsebene. Die Bibel ist kein wissenschaftlicher Aufsatz, wenngleich es den Inhalten oft nicht an Komplexität fehlt. Um Inhalte und Botschaften zu vermitteln, setzt die Bibel auf erzählerische Mittel wie Geschichten und Gleichnisse – angefangen bei der Schöpfungsgeschichte im Buch Mose oder bei Adam, Eva, der verbotenen Frucht und der Schlange im Paradies. Hier werden Zusammenhänge anhand von emotionalen Storys mit einfacher, verständlicher Sprache nachhaltig erklärt. Diese Geschichten werden bewusst in die Live-Kommunikation integriert, werden von der Kanzel zitiert oder sind gar der Rote Faden in einer Live-Inszenierung auf der „Bühne“, zum Beispiel beim Krippenspiel.

Kommen wir zu einem anderen wichtigen und höchst wirkungsvollen Element in der Live-Kommunikation, einem weiteren inszenatorischen Mittel: dem Ritual. Bei sehr negativ besetzten Ritualen der Vergangenheit denken wir zum Beispiel an den Hitlergruß. So grausam und tragisch der Hintergrund der Nationalsozialisten war, so sind uns dennoch die Funktionalität und der Erfolg solcher Rituale bewusst. Grundsätzlich sind Rituale für Menschen etwas sehr Positives, denn sie spenden emotionalen Halt und verursachen ein Wir-Gefühl. Nicht ohne Grund stellen sich Sportmannschaften vor dem Anpfiff im Kreis zusammen auf und rufen ihren Schlachtruf – ein einfaches Ritual mit motivierender Wirkung.

Was macht die Kirche? Hier finden sich eine Menge Rituale, die in den Gottesdienst integriert sind: das gemeinsame Aufsagen des Vaterunser, Rosenkranzgebete, das Abendmahl oder – außerhalb des Gottesdienstes – zum Beispiel die Beichte. Das Bekreuzigen beim Eintreten in die Kirche oder das Entzünden von Kerzen sind weitere Rituale von vielen.

Neben Ritualen finden sich eine Menge anderer inszenatorischer Mittel, deren Wirkung Sie vielleicht selbst schon erfahren haben. Bemerkenswert ist die polysensuelle Ansprache der Gottesdienstteilnehmer. Es kommen gesprochene Worte während der Predigt zum Einsatz, zum Teil von unterschiedlichen Absendern. Es kommt Musik zum Einsatz: zum einen das Solo-Orgelspiel, das gemeinsame Singen aller, zum anderen auch der Gesang eines Chors. Neben dem Hören wird auch das Sehen angesprochen: Es wird mit Bildern gearbeitet. Kirchen sind voll davon: bemalte Kirchenfenster oder Ikonen, Schnitzereien, Wandmalereien. Kunstwerke, die die Geschichte Jesu erzählen oder andere Szenen der Bibel verbildlichen. Und ist nicht das Kreuz selbst oder „der Gekreuzigte" das Key Visual schlechthin? Auch die einheitliche Kleidung der Geistlichen ist ein visueller Reiz, der einen entsprechenden Hintergrund hat. Darüber hinaus wird sogar „Duftmarketing" betrieben: durch den Einsatz von Weihrauch.

Kommen wir zur zeitlichen Komponente, zur alljährlichen Dramaturgie der Kirche mit vielen Festen und einzelnen Höhepunkten wie zum Beispiel das Osterfest oder Weihnachten. Letzteres wird durch den vorgelagerten Advent mit einem immensen Spannungsmoment versehen – Kommunikationsfachleute würden von „Frontloading" sprechen.

Was Steve Jobs für Apple war, ist und bleibt der Papst für die katholische Kirche: ein Symbol. Symbole sind Darstellungsmittel, die nachhaltig auf ein positives Image von Marken und Unternehmen wirken, weil sie für dieses einen Deutungsrahmen herstellen (vgl. Buß/Fink-Heuberger 2000, S. 217). Das große Charisma des Papstes ist offensichtlich und Magnet für hunderttausende Pilger, die bei Großveranstaltungen wie zum Beispiel dem katholischen Weltjugendtag dabei sein wollen. Die Kirche bietet bei solchen Großveranstaltungen der Zielgruppe eine beeindruckende Mischung unterschiedlicher Kommunikations- und Erlebnismöglichkeiten, lässt Kulturen verschmelzen und bietet nach altem, aber immer noch hochwirksamem Inszenierungsmuster der römisch-katholischen Kirche eine massive Ansammlung von Kardinälen und Bischöfen auf, was einem geplanten, groß angelegten öffentlichen Eindrucksmanagement entspricht – vergleichbar mit groß dimensionierten PR-Aktionen von Unternehmen.

Nun gibt es die Kirche länger als jedes kommerzielle Unternehmen der Welt, und so manche Aktion, so manches Kommunikationsinstrument wirkt althergebracht, selbstverständlich oder alltäglich. Das ist sicherlich auch nicht falsch. Allerdings ist der beschriebene Einsatz von Dramaturgie und Inszenierung keine zufällige Angelegenheit oder ein Produkt göttlicher Fügung. Schon immer hat die Kirche starke Interessen verfolgt – auch wirtschaftliche. Bis heute ist sie neben dem Staat der größte Arbeitgeber. Logisch also, dass die Kirche die Möglichkeiten und Mechanismen der Live-Kommunikation für sich nutzen will und es täglich auf der ganzen Welt tut. Gehen Sie mit offenen Augen in Gottesdienste, und versuchen Sie zu erkennen, was hier im positivsten Sinn Methode hat, was wirkt, wie und warum es wirkt. Vom Gleichnis über das Taufritual bis hin zum Weihrauch. Von der kleinen Abendmesse auf dem Land bis hin zu Papst-Messen vor einer Million Gläubigen im Vatikan – die Kirche ist Meister der Inszenierung. Viele Unternehmen können sich hier durch ein analytisches Beobachten eine große Scheibe an Wissen und Erfahrung abschneiden, was die Kirche über Jahrhunderte aufgebaut und perfektioniert hat.

Dramaturgie und Inszenierung: Grundlagen

Die Basis für Dramaturgie und Inszenierung ist das Veranstaltungskonzept. In ihm sind Inhalte beschrieben sowie Grundideen für eine künstlerische Ausgestaltung einzelner Themen oder Aspekte. Diese Informationen dienen meist als Briefing für Regisseure und andere Kreative, die sich weiterführend mit der Ausgestaltung beschäftigen. Wenn im nächsten Schritt dadurch aus dem Konzept etwas Umsetzbares, etwas sehr Konkretes wird, kommen dramaturgische Elemente und deren Inszenierung ins Spiel.

Man kann diese Vorgänge mit der Entstehung eines Kinofilms vergleichen. Am Anfang steht die Idee für ein Thema. Beim Film „Rocky" lautet beispielsweise die Grundidee, die Erfolgs- und Lebensgeschichte eines Boxers zu erzählen. In Ihrem Fall könnte das im Rahmen eines Jubiläums-Events auch die Unternehmensgeschichte sein. Diese Idee des Boxers, angereichert mit einigen wenigen Details bezüglich Handlung oder Figuren, ist das Grundkonzept. Bis zum fertigen Drehbuch ist hier noch ein weiter Weg zurückzulegen. Denn zur tragenden Grundidee „Erfolgs- und Lebensgeschichte eines Boxers" muss eine Handlung hinzugefügt werden. Dadurch entsteht der Grundaufbau des Films, seine Dramaturgie.

Die lehrbuchhafte, klassische Dramaturgie, wie sie in hunderten Kinofilmen oder Theaterstücken zu finden ist, hat folgende fünf aufeinanderfolgende Phasen:

1. Einführung
2. Steigerung der Verwicklung
3. Höhepunkt
4. Umschwung
5. Lösung

Übertragen wir die klassische Dramaturgie auf einen ganz normalen Liebesfilm, wie Sie und ich ihn schon dutzende Male gesehen haben: In der Einführung lernen wir die Hauptfigur – nennen wir sie in unserem Fall Sarah – und ihr Umfeld kennen. Wir erfahren etwas über Sarahs Situation und über das Problem, das sie hat. Die Spannung steigert sich besonders ab dem Moment, in dem sich ihr Problem weiter zuspitzt und der Mann ihrer Träume ins Spiel kommt. Es folgen Irrungen und Wirrungen, und der Film wird zielsicher auf den Höhepunkt hinarbeiten: den ersten Kuss oder die erste Liebesnacht. Aber danach ist längst noch nicht Schluss, denn jetzt folgt unweigerlich der Umschwung. Denn es folgt gemessen am ursprünglichen Problem jetzt noch ein viel größeres, was unweigerlich dazu führt, dass die beiden Liebenden wieder auseinandergehen oder getrennt werden.

Ein Liebesfilm wäre aber kein Liebesfilm, wenn sich das nicht alles lösen ließe. Daran arbeiten natürlich beide Protagonisten und andere Figuren im Film, und so werden sich die beiden am Ende doch – und dann für immer – in den Armen liegen!

Hat der Film oder das Bühnenstück kein Happy End, so spricht man von einem Drama oder einer Tragödie. Bei diesen Formen folgt am Ende keine Lösung, sondern eine Katastrophe. Logischerweise endet eine Dramaturgie im Event Marketing idealerweise bereits mit dem Höhepunkt, mit einem sehr positiven Augenblick, den die Gäste emotional und gedanklich mitnehmen sollen.

Dramaturgie und Inszenierung sind zwei unterschiedliche Dinge, die aufeinander aufbauen. Bei Events beschreibt die Dramaturgie gewissermaßen das große Ganze, sie beschreibt die grundsätzliche Struktur und die Hauptelemente. Die Dramaturgie gibt Aufschluss über die abstrakte Form, über die Handlung, über Spannungsaufbau und über die damit verbundene Entwicklung. Die Inszenierung beschreibt die konkrete Form, welche die dramaturgischen Elemente bekommen sollen. Hierbei geht es um die Entwicklung und um die Ausgestaltung szenischer Mittel wie Figuren, das Bühnenbild, Kostümierung, Musik, Technik und Medieneinsatz.

Dramaturgie – die verschiedenen Formen

Es existieren unterschiedlich definierte Dramaturgieformen, die ich nachfolgend kurz beschreiben möchte. Zunächst teilt sich die Dramaturgie auf in die äußere und die innere Bauform.

Die äußere Bauform

Die äußere Bauform bildet Fixpunkte in der gesamten Event-Struktur, indem sie alle Programmbestandteile in eine sinnvolle Reihenfolge bringt. Dies ist vergleichbar mit einer Sammlung einzelner Wörter, die so lange wertlos sind, bis sie in einer bestimmten Reihenfolge zu einem sinnvollen Satz zusammengesetzt werden.

Die äußere Bauform kann dabei offen oder geschlossen sein. Die offene Form manifestiert sich üblicherweise in einer klassischen Nummerndramaturgie, bei der einzelne Acts oder Programmbestandteile wie Ansprachen oder Reden durch einen übergeordneten Spannungsbogen zusammengehalten werden. Oftmals richten sich alle Einzelbestandteile inhaltlich an einem allgemeinen Thema aus, darüber hinaus werden mehr oder weniger passende Überleitungen geschaffen, um die Veranstaltung harmonisch im Fluss zu halten.

Beispiel für eine Nummerndramaturgie, hier für eine Produkteinführung (vgl. Schäfer-Mehdi 2006):

1. Begrüßung
2. Anmoderation
3. Einstimmungsvideo
4. Moderation
5. Statement des Produkt-Managers
6. Produktvideo
7. Moderation
8. Statement des Marketing-Managers
9. Showact Produktvorteile
10. Moderation
11. Statement der Vertriebsleiterin
12. Imagevideo
13. Talkrunde mit allen Beteiligten
14. Finale mit Showact
15. Anschließende Party

Die geschlossene Bauform hingegen unterteilt die Veranstaltung in mehrere, inhaltlich klar voneinander abgegrenzte Abschnitte oder Akte. Bei einer Jubiläumsveranstaltung beispielsweise können das die drei Abschnitte Vergangenheit, Gegenwart und Zukunft sein.

Die innere Bauform

Die innere Bauform beschreibt in erster Linie eine Veränderung. Veränderung kann sowohl über den äußeren Handlungsverlauf geschehen als auch über die innerliche Veränderung von Figuren. Für die Entwicklung einer entsprechenden Dramaturgie müssen Sie sich also fragen, was für Figuren gebraucht werden, um zum Beispiel bestimmte Zielgruppen zu symbolisieren. Aber auch die Zielgruppe selbst kann Teil der Handlung werden, wenn Sie zum Beispiel Mitarbeiter während eines Mitarbeiter-Events als das, was sie sind, einbeziehen. Figuren oder Gruppen brauchen zudem ein Motiv für ihre Handlung. Es geht also nicht nur darum, wer etwas tut, sondern auch, darum warum jemand etwas tut. Zusätzlich wird die Handlung entwickelt, die Aufschluss darüber gibt, was die Person tut und wie. Durch die Ereignisse im Handlungsstrang kann es zu einer Veränderung der handelnden Figuren kommen, zu einem Sinneswandel zum Beispiel, der stellvertretend für eine ganze Gruppe stehen kann: Führungskräfte, Mitarbeiter, Lieferanten oder Kunden.

Wichtige Zutaten: Zeit und Dynamik

Unabhängig von der Art einzelner Programmbestandteile und ihrer dramaturgischen oder thematischen Einordnung ist das Verhältnis dieser Bestandteile zueinander entscheidend für den Veranstaltungserfolg. Sie entwickeln eine Dramaturgie, damit das Event seine volle Wirkung entfalten kann. Wie stark einzelne Bestandteile auf Ihre Zielgruppe wirken, ist nicht nur von der Dramaturgie selbst abhängig, sondern auch insbesondere von den Faktoren Zeit und Dynamik.

Eine Veranstaltung hat in der Regel einen zeitlich definierten Startpunkt und ein entsprechend bekanntes Ende. Dazwischen haben Sie entsprechend viele Minuten oder Stunden Zeit für die Umsetzung aller Programmbestandteile. Bei der zeitlichen Ausgestaltung Ihres Programmablaufs darf es aber nicht das Ziel sein, möglichst viel in kurzer Zeit abzuhandeln. Ich mache zum einen die Erfahrung, dass der Zeitbedarf für bestimmte Elemente wie Reden unterschätzt wird. Schnell werden kurze Ansprachen von maximal zehn Minuten prognostiziert, was sich am Ende als naive Wunschvorstellung herausstellt, wenn der Redner nach 30 Minuten immer noch nicht die Bühne verlassen hat. Sicher, Sie haben es nicht selbst in der Hand, wie viele Worte der Vorstand auf der Bühne unbedingt noch loswerden will, aber Sie haben es in der Hand, eine realistische Zeitplanung aufzustellen.

Hinzu kommt der Aspekt der deutlich subjektiven Wahrnehmung von Zeit bei den anwesenden Gästen. Vielleicht ist die 30-minütige Rede des Vorstandsvorsitzenden nur gefühlte 15 Minuten lang, also sehr kurzweilig. Vielleicht fühlt sich seine Rede aber auch mangels interessanter Inhalte wie eine unendliche, bleierne Stunde an. Aus eigener Erfahrung kann ich sagen, dass vorrangig kurze Beiträge in höherer Anzahl beim Publikum beliebter sind als wenige lange Beiträge. Eine höhere „Schlagzahl" sorgt für Abwechslung, für Kurzweiligkeit. Hier wechseln sich Beiträge unterschiedlicher Art ab und sorgen für Kontraste: Eine kurze Rede, ein prägnantes Video, ein emotionaler Tanzact etc. Hierdurch entsteht Dynamik, eine wichtige Zutat für ein erfolgreiches Veranstaltungsprogramm.

Dynamik ist die Grundlage für Spannungsaufbau, der dadurch entsteht, dass sich Intensität und Tempo von einzelnen Programmpunkten möglichst stark voneinander unterscheiden. Ihr Publikum möchte genauso einmal vor Begeisterung „außer Atem" sein, aber darauf folgend auch Zeit zum „Verschnaufen" haben. Das Tempo anzuziehen, kann auch ein szenisches Mittel sein, nämlich dann, wenn Dinge im Zeitraffer dargestellt werden müssen – beispielsweise eine Zeitreise durch die letzten 50 Jahre Unternehmenshistorie. Dann „rasen" die Darsteller durch die Zeit, halten hier und da inne, bewegen sich fliegend durch Raum und Zeit, durch die Bildwelten einer vergangenen Ära, durch alte Produkte, vorbei an nostalgisch anmutender Kundschaft ...

Das Gegenteil des Zeitraffers ist die Zeitlupe. Sie ist besonders geeignet, um Inhalte oder Zusammenhänge bewusst zu machen, sie regt dazu an, genauer und ausführlicher hinzuschauen. Stellen Sie sich den Zündvorgang in einem Verbrennungsmotor in Echtzeit vor: Er dauert wenige hundertstel Sekunden. Ihn filmisch oder durch Darsteller auf der Bühne verlangsamt, in Zeitlupe, darzustellen und mit entsprechender Musik zu unterlegen, gibt überhaupt erst die Chance, diesen komplizierten Sachverhalt inhaltlich zu durchdringen. Dann werden Details sichtbar, dann werden Zusammenhänge deutlich, die man sich einprägen kann.

Sonstige Stilmittel der Dramaturgie

Der Einsatz von Figuren und Handlungssträngen sowie das Spiel mit Zeit und Dynamik sind nicht die einzigen Stilmittel, die Ihnen zur Verfügung stehen. Manchmal macht es Sinn, Dinge bewusst auf den Kopf zu stellen: zum Beispiel beim Thema der Chronologie. Wollen Sie die Entwicklung eines Automobils inszenieren und dabei die Geschichte von der ersten Idee für dieses neue Modell über die Design-Entwicklung bis hin zum Launch und den Erfolg in der Zukunft erzählen, so gehen Sie streng chronologisch vor. Warum nicht einmal umdrehen? Sie können mit dem Erfolg in der Zukunft beginnen und die anwesenden Händler zunächst einmal mit ihrem Erfolgserlebnis in der Zukunft überraschen. Warum die Händler allen Grund zur Freude haben, können Sie anschließend im Rückblick erzählen und Stück für Stück weiter zurück gehen. Dabei liefern Sie einen Grund nach dem anderen für den jeweils chronologisch nachgelagerten Schritt.

Ein anderes Stilmittel ist die Verwendung einer Rahmenhandlung. Sie integrieren Inhalte aus der bekannten Business-Welt in eine einfach zu konsumierende Geschichte. Beliebt sind Agentenstorys, Reisen durch Raum und Zeit, Dreharbeiten zu einem Film, Liebesgeschichten, auch Geschichten mit Helden und Gegenspielern, die entsprechende Hürden auf dem Weg zum Ziel symbolisieren. Hierbei kommt es ganz auf die Gegensätze an, die Spannung erzeugen – sonst bliebe die Geschichte flach und langweilig. Gegensätze entstehen auch dadurch, dass Sie bewusst kontroverse Meinungen oder das Prinzip „These – Antithese" zulassen. Um zum Beispiel der Einführung eines neuen Fahrzeugmodells zu kommen: Sie werden um die potentielle Kritik der anwesenden Zielgruppe am Fahrzeug, seiner Technik, am Marketing oder der Werbekampagne schon vor der Veranstaltung wissen. Haben Sie den Mut, diese Skepsis, diese Einwände im Spiel oder in der Interaktion zu thematisieren, offen anzusprechen, zu visualisieren oder sonstwie geartet symbolisch zu verarbeiten. Gelingt Ihnen im zweiten Schritt die Auflösung der Einwände und damit die notwendige Überzeugungsarbeit, dann haben Sie wichtige Kommunikationsziele nachhaltig erreicht.

Inszenierung und szenische Mittel

Bei der Inszenierung geht es um die ganz konkreten Mittel, die eingesetzt werden, um alles, was auf der Bühne oder im Saal stattfindet, „in Szene zu setzen". Vorreiter in Sachen Inszenierung ist schon immer das Theater gewesen. Schon vor hunderten von Jahren wurde auf den Bühnen der Welt mit Effekten gearbeitet. Dabei kam Wasser zum Einsatz, Licht, Feuer oder Rauch.

Später, mit Einzug entsprechender Theater- und Kinotechnik, kam der Einsatz von Projektionen hinzu. Heute können auf Knopfdruck Bühnenbilder unter der

Theaterdecke verschwinden, dank aufwendiger Konstruktionen schweben Darsteller oder Gegenstände durch Räume, bewegen sich ferngesteuert oder werden sonstige Effekte bereitgehalten. Der technische Fortschritt im Bereich der Projektions-, LED- und Lichttechnik sorgt darüber hinaus für immer mehr Möglichkeiten bei der Inszenierung.

Folgende Mittel der Inszenierung sind heute Standard:

1. Akteure (Schauspieler, Sänger, Akrobaten, Tänzer, Moderatoren, Referenten etc.)
2. Sprache (gesprochen, im Bild, im Video)
3. Musik, Ton und Soundeffekte
4. Bewegung (Tanz, Akrobatik, andere Formen)
5. Bühne und Raum
6. Statische und bewegte Bilder (Video)
7. Licht
8. Duft und Geschmack
9. Haptik

Personifizierte Botschaften: die Akteure

Verständlicherweise müssen bestimmte Aufgaben bei der Ausführung auf der Bühne von entsprechenden Profis übernommen werden. Wenn es um Tanz, um Akrobatik oder Gesang geht, ist klar, dass hierfür erfahrende Künstler gebucht werden müssen. Man darf dabei aber nicht aus den Augen verlieren, dass Künstler unternehmensfremde Personen sind, die im Namen des Unternehmens agieren. Das kann unter Umständen Faktoren wie Authentizität und Glaubwürdigkeit abschwächen. Besonders bei internen Veranstaltungen, bei denen es um sehr ernste Themen wie Umstrukturierung oder andere Veränderungsprozesse gehen kann, ist aber gerade Glaubwürdig bei der Darstellung und der Argumentation erfolgsentscheidend. Hier müssen also Führungskräfte Teil der Inszenierung sein. Logischerweise nicht künstlerisch, aber gegebenenfalls in der Rolle eines Erzählers oder aber in Form von kurzen Reden oder Statements zwischen gespielten oder anders künstlerisch umgesetzten Szenen.

Das bewusste Loslösen von einer sehr sachlichen, realistischen Darstellungsweise von Herausforderungen, Problemen oder Lösungen macht durchaus Sinn, denn es erlaubt einen unkonventionellen oder auch einen sehr kritischen Blick auf die Situation an sich, ohne den direkten Bezug zu einzelnen Führungskräften, Personen oder Personengruppen herzustellen. Nicht umsonst werden zum Beispiel die üblichen Schwierigkeiten zwischen Unternehmen und Kunden bei mangelhafter Kundenorientierung durch Unternehmenstheater in Szene gesetzt. Das Mittel der Übertreibung, der gezielte Einsatz von Humor oder von Ironie liefern dabei eine nützliche Brücke zur erhofften Reflexion, zu mehr Verständnis und zu wertvoller Erkenntnis bei der anwesenden Zielgruppe.

Wie immer ist die Balance entscheidend. Im Bereich der Inszenierung zwischen Spiel und Wirklichkeit, zwischen internen und externen Akteuren. Aus meiner persönlichen Erfahrung heraus würde ich sagen, dass hier besser zu viele als zu wenige Inszenierungsmittel eingesetzt werden. Leicht wird auf Kundenseite die Wirkung einzelner Elemente überschätzt, zudem überstimmt oft die Angst vor solch unkonventionellen Mitteln den Mut, neue Wege in der Informationsvermittlung zu gehen.

Das perfekte Bindeglied: die Moderation

Neben Künstlern und Unternehmensvertretern gibt es einen weiteren sehr wichtigen Akteur auf der Bühne: den Moderator. Er spielt gerade bei der Nummerndramaturgie eine sehr tragende Rolle, denn er muss die einzelnen Programmpunkte durch An- oder Zwischenmoderationen sinnvoll und elegant miteinander verknüpfen.

Potentiell kann der Moderator auch im Unternehmen selbst rekrutiert werden. Ich habe oft genug erlebt, dass Mitarbeiter diese Rolle übernommen und ihren Job wirklich gut gemacht haben – zugegebenermaßen ist das aber die Ausnahme. Übernimmt eine Führungskraft die Rolle des Moderators in einer internen Podiumsdiskussion, so steht er von Beginn an in einem Interessenkonflikt: Denn ein Moderator darf keine eigene Meinung haben. Er moderiert nur die Meinungen anderer und stellt intelligente Fragen, um möglichst viele Meinungen und Aspekte – so kontrovers sie auch sein mögen – ins Gespräch einfließen zu lassen. Sie werden in keiner Talkshow von Günther Jauch Sätze zu hören bekommen wie: „Ich bin der Meinung ...“ Setzen Sie also eine interne Person als Moderator ein, so muss Ihnen und ihm klar sein, welche Rolle sie einnimmt und welche Funktion sie hat.

Gerne werden prominente Moderatoren für Events verpflichtet. Aufgrund zum Teil im sechsstelligen Bereich liegenden Gagen erscheint mir dieses Vorgehen wenig wirtschaftlich und zielführend zu sein. In solchen Fällen sind meistens persönliche Geschmäcker der Top-Entscheider oder gar Freundschaften Auslöser der Entscheidung. Wer eine bekannte Persönlichkeit für seine Veranstaltung verpflichtet, zahlt nicht nur sehr viel Geld dafür, er geht auch ein Risiko ein. Denn das zum Zeitpunkt der Veranstaltung gute oder auch schlechte Image der Person wird automatisch auf Ihre Veranstaltung abfärben. Und klar ist auch, dass Ihr Unternehmen dieses Image nicht beeinflussen kann.

Vergessen Sie bei der Wahl eines externen Moderators auch nicht die Tatsache, dass jemand, der vor der Kamera im Fernsehen gut wirkt und eloquent ist, nicht zwingend die Bühnenpräsenz hat, die er vor hunderten Gästen haben sollte. Eine Fernsehsendung aufzuzeichnen, ist eine andere Aufgabenstellung, als live eine Veranstaltung zu moderieren, bei der man nicht einfach die letzte Frage noch einmal stellen kann, weil man sich zuvor verhaspelt hat.

Ganz gleich, ob Sie den Moderator intern finden oder einen externen Moderator beauftragen: Seine Moderation kann nur die inhaltliche Qualität erreichen, die das Briefing aufweist. Die korrekte Darstellung von sachlichen Zusammenhängen, die richtige Aussprache von Namen oder Produktbezeichnungen etc. sollten Sie nicht dem Zufall überlassen oder gar darauf vertrauen, dass der Moderator alles von alleine versteht. Mit einem ausführlichen schriftlichen Briefing legen Sie den Grundstein für einen ausreichend vorinformierten Moderator. Mit diesem Papier müssen Sie ihn nicht nur mit Informationen zum präsentierten Produkt oder anderen zentralen Themen der Veranstaltung versorgen. Sie müssen ihn auch für die Gesamtsituation sensibilisieren, die zur Durchführung der Veranstaltung geführt hat. Erklären Sie ihm auch, warum Sie sich genau für diesen einen Veranstaltungsort entschieden haben, wie Sie auf das Motto gekommen sind, wer zu Gast sein wird und welche Erwartungshaltung und welche Vorinformationen die Zielgruppe hat. Hinzu kommen Informationen zu „seinen" Gästen auf der Bühne. Wer sind die Interviewpartner und welchen internen Werdegang haben sie hinter sich? Gleiches gilt für externe Gäste und deren Vita beziehungsweise für ihr Fach-

oder Spezialgebiet. Nicht zu vergessen sind Personenkreise wie Ehrengäste oder VIPs: Kaum etwas ist für den Veranstalter und den Moderator peinlicher, als in der Begrüßung die Erwähnung dieser Gäste zu vergessen. Zu guter Letzt muss Ihr Briefing natürlich einen detaillierten Programmablauf enthalten, damit sich der Moderator schon sehr früh mit seinen einzelnen Aufgaben und Zeitfenstern auseinandersetzen kann.

Neben einem schriftlichen Briefing sollten Sie auch mindestens ein persönliches Gespräch mit dem Moderator im Vorfeld der Veranstaltung führen, um sich kennenzulernen und um Inhalte und Aufgaben zu vertiefen. Ich habe auch gute Erfahrungen damit gemacht, die Hauptakteure auf Unternehmensseite im Vorfeld mit dem Moderator zusammenzubringen. Das steigert die Harmonie und die Qualität des Zusammenspiels auf der Bühne ungemein. Entsprechende Proben am Vortag der Veranstaltung sorgen dann darüber hinaus im Detail für einen reibungslosen Ablauf, für die richtigen Worte zur richtigen Zeit und die Vermeidung von Missverständnissen oder Unklarheiten im Ablauf.

Über die Ohren direkt ins Herz: Musik

Kein großer Boxer steigt mehr ohne „seinen“ Song in den Ring. Auf Parteitagen stimmen alle in das zur aktuellen Situation passende Lied ein, die Fußballnationalmannschaft stellt sich selbst ins Musikstudio oder definiert „Dieser Weg“ von Xavier Naidoo im Jahr 2010 während der Fußballweltmeisterschaft 2010 als „ihren“ Song. Beim Abspielen der verschiedenen Nationalhymnen am Ende der Medaillenvergabe bei Olympischen Spielen fließen regelmäßig die Tränen, eine Autofahrt ohne Musik ist eigentlich undenkbar, ein Kinofilm erst recht.

Der Grund dafür ist denkbar einfach: Musik emotionalisiert wie kaum ein anderes Medium. Sie löst ohne Umwege Gefühle aus, Gegenwehr zwecklos. Jeder Event Manager hat diese Erfahrung schon hundertfach in seinem Leben zuvor gemacht, und trotzdem ist das musikalische Konzept von Veranstaltungen allzu oft mangelhaft. Dabei bieten sich so viele verschiedene Gelegenheiten für Musikzuspielungen: der kleine musikalische Übergang, wenn der nächste Redner auf die Bühne geht, die Begleitmusik bei Inszenierungen, Pausenmusik, live gesungene Songs als Programmbestandteil, Soundeffekte in Medienprogrammen oder auch die Live-Band nach dem offiziellen Programm. Musik sollte immer ein Roter Faden sein, geradezu allgegenwärtig. Mal im Hintergrund, mal im Vordergrund, aber immer bewusst ausgewählt. Musik sollte immer eine gewollte Stimmungslage unterstützen, sollte thematisch passen, wenn Dynamik oder Ruhe gefragt ist, sollte genauso Ernsthaftigkeit unterstützen wie Spaß und ausgelassenes Feiern.

Am Anfang war das: Licht

Ähnlich wie mit der Musik verhält es sich mit dem Licht als inszenatorischem Mittel. Es birgt eine Menge Emotionalisierungspotential. Können Sie sich vorstellen, daheim im Wohnzimmer alle Decken- oder Stehlampen durch Neonröhren zu ersetzen? Können Sie sich ein Candle-Light-Dinner ohne Kerzenschein vorstellen? Was wäre ein Pop-Konzert ohne die Light-Show drumherum? Was wäre eine Tanzfläche ohne Lichteffekte und die im Raum tanzenden Lichtreflexionen der sich drehenden Spiegelkugel?

Licht macht den Unterschied! Es ist vielfältig, sorgt für eine warme, angenehme Atmosphäre, lässt Menschen und Dinge erstrahlen, dekoriert oder inszeniert. Aus eigener Erfahrung kann ich sagen, dass Veranstalter das Element Licht genauso wie das Element Musik unterschätzen. Beim Licht liegt das offensichtlich an mangelndem Wissen um die Möglichkeiten und die Notwendigkeiten, und es liegt auch an fehlendem Vorstellungsvermögen. Wer sich den Unterschied zwischen einer Veranstaltungshalle mit Neon-Notbeleuchtung und einer zum Event passenden Illuminierung nicht vorstellen kann, wird das Thema nicht ernst genug nehmen. Ich habe zu diesem Zweck ein ums andere Mal Kunden in die Mitte der Halle gestellt und verschiedene Szenarien praktisch vorgeführt. Wer einmal den Unterschied zwischen Putz- und Showlicht gesehen und verstanden hat, der wird die Notwendigkeit einer ausreichenden Illuminierung nicht mehr in Frage stellen.

Hauptaufgaben des Lichts bei der Veranstaltung:

- Dekorative, farbliche oder neutrale Illuminierung der Architektur (innen und außen)
- Herstellen einer ausreichenden Grundbeleuchtung in allen genutzten Hallenbereichen, besonders, wenn der Veranstaltungsort keine ausreichend ästhetische und flexible Beleuchtung besitzt (zum Beispiel Messehallen)

- Simulation von Tageslicht (mit Tageslichtscheinwerfern) für Exponate wie zum Beispiel Automobile oder Maschinen, deren eigene Farbe nicht durch Kunstlicht in der Wirkung und Echtheit beeinflusst werden darf
- Partielle Ausleuchtung von Einzelelementen wie Banketttischen oder Ausstellungsbereichen, in der Regel mit warmem, punktuellem Licht
- Setzen von farbigen, dekorativen Akzenten und die Projektion von zum Beispiel Logos für das Branding der Veranstaltung im Sinne des Corporate- oder des Veranstaltungsdesigns
- Statisches oder bewegtes farbiges Showlicht für Showacts
- Ausleuchtung von Rednern und Herstellen von TV-tauglichem Licht für Aufzeichnungszwecke

Sagen mehr als 1.000 Worte: Bilder

Trotz dieser Wahrheit, die allen Veranstaltern und Konzeptionern bewusst ist, werden die Worte leider oft nicht konsequent genug durch Bilder ersetzt oder durch sie unterstützt. Viele langatmige Erklärungen könnten durch das eine oder andere Schaubild in der Präsentation schneller, verständlicher und einprägsamer transportiert werden.

Prädestiniert für audio-visuelle Kommunikation bei Veranstaltungen sind Videos. Videos verarbeiten Informationen durch die wirksame Kombination von Bildern und Sprache. Oftmals funktionieren sie sogar ganz ohne gesprochenes Wort. Hinzu kommt der Aspekt, dass das menschliche Bewusstsein Bilder viel schneller verarbeiten und deutlich effektiver im Gedächtnis speichern kann als isoliert gesprochene Inhalte. Videos haben zudem die Eigenschaft, mit Bewegtbild aufzuwarten, was ihnen zusätzlich höhere Aufmerksamkeitswerte beschert.

Videos werden für Veranstaltungen folgendermaßen eingesetzt:

- Emotionale Trailer (z. B. zur Begrüßung)
- Themenvideos (z. B. Historie)
- Produktvideo (zur Erklärung einzelner Produkt-Features)
- Unternehmensfilm (zur Imagebildung)

- Schulungsvideo (zur Verstärkung der Informationsvermittlung)
- Dokumentation (oftmals mit Interviews oder Statements mit Hintergrundinformationen zu einem definierten Thema

Neben Videos ist aber auch der didaktisch gezielte oder auch nur der dekorative Einsatz von Bildern – ob integriert in eine Präsentation oder als Megaposter an der Wand – sinnvoll. Abstrakte oder gegenständliche Motive im Bühnenhintergrund, durch Projektion oder LED-Wände umgesetzt, können Inszenierungen oder Reden davor auf der Bühne wirksam unterstützen. Somit können auch einfache Reden emotional aufgewertet werden, Kernbotschaften werden durch unterstützende Motive verdeutlicht und unterstrichen. Man kann sich leicht vorstellen, dass die Worte der Geschäftsleitung über Umweltschutz glaubhafter sind und mehr Emotionen hervorrufen, wenn die Person am Rednerpult im Hintergrund durch einen riesigen Wald eingerahmt wird. Wenn der Marketingleiter über mehr Power und Geschwindigkeit in der Produktentwicklung referiert, dann können rasende Formel-1-Bolliden im Hintergrund auch nonverbal verdeutlichen, wovon er spricht.

Aber: Bei allem Medieneinsatz von statischen Bildern bis hin zu modernen, schnell geschnittenen Videos sollten Sie kritisch und wählerisch sein: Hier kann weniger durchaus auch einmal mehr bedeuten: Ein starkes Motiv, das sich wiederholt, oder das eine, sehr hochwertige Video zu Beginn der Veranstaltung kann von medialer Seite je nach Anlass, Ort und Zielgruppe ausreichen. In Zeiten medialer Reizüberflutung der Zielgruppe kann eine „medienfreie Zone" durchaus entspannend sein und genau dadurch ihren ganz eigenen Charme bekommen und besonders attraktiv sein.

Das motivierende Fazit

Es ist nicht die primäre Aufgabe eines Event Managers, selbst inhaltlich und kreativ den Grundstein für eine Dramaturgie und die darauf aufbauende Inszenierung zu legen. Eine solche Arbeit erfordert viel Vorstellungs- und Abstraktionsvermögen sowie Erfahrung im richtigen Umgang mit einzelnen Inszenierungselementen und Stilmitteln. Ich freue mich für Sie, wenn Sie sich diese kochkomplexe und kreative Denkarbeit zutrauen. Ich warne aber auch ausdrücklich davor, sich an dieser Stelle selbst zu überschätzen. Bedenken Sie: Sie haben nur einen Versuch bei der Umsetzung einer Veranstaltung. Anders ist es im Theater. Hier bringt man zunächst die Premierenfeier hinter sich und hat dann im Grunde über die gesamte Spielzeit hinweg die Möglichkeit, weiter an der Inszenierung zu feilen.

Ob Sie selbst an der Ausarbeitung und der Umsetzung von Dramaturgie und Inszenierung mitwirken oder nicht, Sie sollten sich auf jeden Fall mit der Option auseinandersetzen, solche Elemente bewusst einzusetzen, und entsprechende Partner mit der Ideenfindung beauftragen. Werben Sie intern dafür, Inszenierungsmittel einzusetzen, um Botschaften zu verdeutlichen und die Veranstaltung insgesamt durch mehr Emotionalität aufzuwerten.

Viele Unternehmen oder Abteilungen halten sich selbst oder die Gäste ihrer Veranstaltung für zu konservativ, für zu nüchtern oder für zu kritisch. Solche Pauschalurteile entbehren in der Regel einer Sachlichkeit. Oder hat man mit einer derartigen Inszenierung, für die Sie plädieren, bereits schlechte Erfahrungen gemacht? Und wenn ja, worin genau bestand die schlechte Erfahrung? Welches Kundenfeedback hatte man von wem bekommen? Geben Sie sich also nicht mit oberflächlicher Abwehr von unkonventionelleren Kommunikationskonzepten für Ihr Event zufrieden. Zeigen Sie sich aber verständnisvoll, wenn die Skepsis gegenüber solchen Programmbestandteilen besteht und sich auch hartnäckig hält.

Es muss nicht beim ersten Mal gleich die halbstündige Bühnenshow mit zehn Tänzern und Akrobaten sein, die das neue Produkt eingerahmt von großen Videoleinwänden und finaler Lasershow inszeniert. Es muss auch nicht das Unternehmenstheater sein, das die ewigen Grabenkämpfe zwischen Innen- und Außendienst mit viel Ironie und Humor aufs Korn nimmt, um einen Veränderungsprozess in der künftigen Zusammenarbeit einzuleiten.

Sie werden auch mit kleinen, aber dennoch effektvollen und emotionalen Elementen überzeugen können und den Beweis antreten, dass Live-Kommunikation mehr sein muss als die stupide Aneinanderreihung von Videos, Reden und Catering!

Was Sie über notwendige Einzelgewerke für Ihre Veranstaltung wissen sollten

- **Irrtum 8: „Damit kennen wir uns aus!“**

  Ein Event Manager steht immer wieder vor der Herausforderung, mit ganz unterschiedlichen Gewerken planen und zusammenarbeiten zu müssen. Und weil der Event Manager die Gesamtverantwortung für die Veranstaltung trägt, ist ein Mindestmaß an Wissen über die unterschiedlichen Gewerke unabdingbar. Ohne ein solches Wissen werden Sie keine zuverlässige Qualitätssicherung vornehmen können, denn was ist Ihr Referenzwert?

  Licht- und Tontechnik, Bühnenbau, Projektionstechnik, Catering, Messebau, Dekorationsbau etc. - viele Gewerke, Partner und Lieferanten sind bei einem Veranstaltungsprojekt an Board, und wer sich an Board in allen Bereichen auskennen muss, ist der Kapitän - der Event Manager.

- **Irrtum 9: „Wir haben an alles gedacht!“**

  An alles zu denken, ist bei einer Veranstaltung eine der größten Herausforderungen. Es ist sicherlich das Ziel einer professionellen Vorbereitung, von gründlicher Organisation. Aber aus eigener Erfahrung heraus kann ich Ihnen versichern: Es wird Ihnen in den meisten Fällen nicht gelingen. Aber auch das kann man fest einplanen und für den Fall der Fälle vorsorgen.

  Ich bringe Sie in diesem Kapitel auf Ideen für Dinge, die schnell in Vergessenheit geraten, aber von vornherein auf die To-do-Liste gehören.

Ein paar Zahlen zum Nachdenken

- Durchschnittliche Zeit, die die meisten B2B-Unternehmen mit der Veranstaltungsplanung verbringen: fünf bis acht Wochen
- Non-Profit-Organisationen verbringen die meiste Zeit mit Veranstaltungsplanung
- Anteil befragter Unternehmen, die es als große Herausforderung bei Marketing Events sehen, dass die Zielgruppe auf Einladungen antwortet: 50 Prozent
- Anteil befragter Unternehmen, die die Planung des Veranstaltungsorts und des Essens als große Herausforderung bei Marketing Events sehen: 10 Prozent

(Quelle: Constant Contact/Hubspot 2011)

IRRTUM 8: „DAMIT KENNEN WIR UNS AUS!"

Als Event Manager kommen Sie mit unterschiedlichen Auftragnehmern in einem Projekt zusammen. Das macht die Arbeit sehr abwechslungsreich, aber auch anspruchsvoll. Schließlich wollen Sie als vollwertiger Ansprechpartner für alle Beteiligten wahrgenommen und als Projektleiter respektiert werden. Diese Wertschätzung und diesen Respekt zollt man Ihnen aber nicht Kraft Ihres Amtes, sondern dadurch, dass Sie zum Beispiel mit dem Meister für Veranstaltungstechnik des ausgewählten Technik-Suppliers über die geplante und notwendige Technik im Briefing sprechen können und ihn mit den richtigen Informationen und Vorgaben versorgen. Er wird Sie mit vielen Fragen konfrontieren, weil er für seine Planung und seine Angebotsgestaltung Antworten braucht. Lautet Ihre Standard-Antwort auf seine Rückfragen allerdings überwiegend, „Dafür sind Sie der Fachmann, das müssen Sie entscheiden!", so wird schnell klar, dass Sie nicht viel von seiner Arbeit verstehen! ANSI-Lumen, Lavalier, DLP, CEE, PAR, Hängepunkte, Rigging, Softedge, Aufpro oder Rückpro – für einen erfahrenen Event-Menschen Begriffe aus dem täglichen Leben.

Es braucht Sie nicht zu beunruhigen, falls Sie mit den Begriffen noch nicht viel anfangen können. Sie hätten dieses Buch nicht zur Hand genommen, wenn Sie schon ein erfahrener Event Manager wären. Es wird Ihnen in Ihren ersten Projekten an vielen Stellen so gehen, dass Sie nur „Bahnhof" verstehen. Der Messebauer, der Caterer, der Techniker, der Dekorateur, der Regisseur – viele Personen, viele Gewerke werden Sie mit Fragen und Themen konfrontieren, die Sie sich erst werden erarbeiten müssen. Ich habe aber schon immer die positive Erfahrung gemacht, dass bei Menschen, die im Event-Business arbeiten – ganz gleich ob als Techniker, als Service-Chef im Catering oder als Florist für die Dekoration – beinahe immer ein freundlicher Ton herrscht, auch dann, wenn es mal hektisch wird und die Zeit davonzurennen scheint. Jeder freut sich über Interesse an seiner Arbeit und erzählt gerne davon. Sie fahren also gut damit, sich persönlich mit den Menschen hinter den Gewerken bekannt zu machen und Fragen zu stellen. Kommen Sie ins Gespräch, und machen Sie es sich zur guten Angewohnheit, immer nachzufragen, wenn Sie etwas nicht verstehen! Das ist zum einen wichtig, damit Sie schnell und viel lernen, das ist zum anderen aber auch deshalb wichtig, weil

Sie schließlich Projektleiter sind, die Gesamtverantwortung tragen und selbstverständlich genau aus diesem Grund über „alles" Bescheid wissen sollten.

Alleine das Thema Veranstaltungstechnik könnte ein ganzes Buch füllen, nur um das Grundwissen in diesem Bereich zu vermitteln. Aus diesem Grund werde ich nachfolgend in diesem Kapitel viele Einzelgewerke inhaltlich nur anreißen können. Ich beschränke mich dabei auf die wesentlichsten Punkte, die bei den meisten Veranstaltungen zum Tragen kommen. Kaum eine Veranstaltung verzichtet zum Beispiel auf Catering, und kein Event kann ohne Veranstaltungstechnik auskommen.

GESTALTUNG DER ZUSAMMENARBEIT

Folgende Einzelgewerke oder Partner sollen nachfolgend gesondert Betrachtung finden:

- Veranstaltungsort (Location) und Hotel
- Projektionstechnik
- Tontechnik
- Lichttechnik
- Bühnenbau
- Catering
- Dekoration
- Ausstattung und Mobiliar
- Künstler

Sicher ist eine fachliche Verständigung auf Augenhöhe ein Erfolgsfaktor in der Zusammenarbeit mit Einzelgewerken. Darüber hinaus ist aber gleichermaßen die Kommunikation für eine gute Zusammenarbeit ausschlaggebend, und es lohnt sich immer, hier Regeln und Standards zu schaffen, die mit dem Team oder einzelnen Personen eindeutig zu klären sind.

Die elf vorgenannten Lieferanten, Partner oder Einzelgewerke stellen in der Regel mehrere einzelne Mitarbeiter für die Projektarbeit oder den Einsatz vor Ort bei der

Veranstaltung bereit. Dadurch wächst ein Team schnell auf 20 bis 30 Personen an. Sie müssen sich daher von Anfang an Gedanken über die Projektkommunikation machen und diese auch konsequent umsetzen. Ich halte nichts davon, jedes Detail in E-Mails oder Protokollen festzuhalten, aber dennoch müssen Sie sicherstellen, dass wichtige Informationen oder Änderungen das Team erreichen. Behandeln Sie Informationen als Bringschuld und nicht pauschal als Holschuld. Informationsverluste werden früher oder später bestraft. Oft sind es Kleinigkeiten, die aber im Falle mangelnder Kommunikation zu größeren Problemen werden und zu steigenden Kosten beitragen.

Dazu zwei einfache Beispiele:

- Die Information, dass nicht nur einzelne Redner am Rednerpult stehen, sondern zusätzlich eine Interviewsituation mit insgesamt drei Personen auf der Bühne stattfinden soll, wird nicht rechtzeitig an das Technik-Team und an den Messebauer kommuniziert. Sie hören bei den Proben vor Ort das erste Mal davon. Es ist deshalb kein Talk-Tresen vom Messebauer produziert oder gemietet worden, und auch die Mikrofonierung reicht nicht aus, denn es fehlen Funkstrecken für die beiden zusätzlichen Personen. Beide Gewerke müssen jetzt innerhalb von wenigen Stunden entsprechendes Equipment aus anderen Städten vom Lager holen, was zusätzliche Logistikkosten verursacht. Zudem ist der Tresen nicht gebrandet, denn dazu fehlt die Zeit.
- Die Veranstaltung hat begonnen. Nachdem die Begrüßung und die erste Rede vorbei sind, liegt man bereits gute 30 Minuten hinter dem Zeitplan. Auch der kommende Vortrag scheint sich mehr als geplant in die Länge zu ziehen, was man leicht daran erkennt, dass der Referent nach der Hälfte der veranschlagten Zeit erst ein Drittel der PowerPoint-Folien gezeigt hat. Leider denkt niemand an das nachgelagerte Mittagessen. Denn von der Verzögerung bekommt die Küche nichts mit. Die arbeitet natürlich im vor der Veranstaltung kommunizierten Zeitplan und will das Rinderfilet à la minute heiß und medium gegart servieren. Zu spät fällt auf, dass der Hauptgang erst mit einer Verzögerung von einer Dreiviertelstunde serviert werden kann. Nun müssen die fast fertig gegarten Filets lange warmgehalten werden, das Essen verliert deutlich an Qualität.

VERANSTALTUNGSORT (LOCATION) UND HOTEL

Bei der Veranstaltungskonzeption ist die Auswahl der Location ein zentrales Thema. Besonders bei größeren Gästemengen ist man in der Auswahl oft eingeschränkt, und so muss die Entscheidung für den Veranstaltungsort aufgrund der terminlichen Verfügbarkeit oftmals sehr früh fallen. Besonders in Großstädten, bei denen größere Parallel-Events wie Messen, Kongresse oder große Sportveranstaltungen stattfinden, sind im Bereich der Event-Locations und auch bei Hotels Engpässe zu erwarten, zudem steigen dann die Preise. Letzteres ist besonders bei Hotelzimmern der Fall.

Eine Reihe von Kriterien ist für die Auswahl des Veranstaltungsorts in Betracht zu ziehen. Vorrangig natürlich müssen Art und Größe der Location zum Konzept passen. Hier können Kontraste eine besondere Wirkung haben und Spannung erzeugen: Das neue topmoderne Produkt in der alten Fabrikhalle oder die Sommerparty in der Kühlhalle. Unabhängig davon, dass die Veranstaltung Ihr Konzept unterstützen soll, sind bei der Location-Wahl eine Reihe von organisatorischen Dingen zu beachten:

Räumlichkeiten

- Flächen: richtige Dimensionierung und Aufteilung für Gästeanzahl und geplantes Programm
- Freier Blick auf die Bühne von allen Plätzen
- Peripherie: Backstage-Bereich für Künstler, Künstlergarderoben, Produktionsbüro, Küchenbereich und Lager für Caterer, Lagerraum für Leergut der Technik

Technische Grundlagen

- Vorhandene Technik (Licht, Ton, Bühne etc.) und Mobiliar
- Stromversorgung und Telekommunikationsmöglichkeiten (z. B. Internet)
- Verdunkelungsmöglichkeiten
- Hängepunkte und Hängelasten
- Raummaße und maximale Bauhöhen oder Punktlasten
- Fluchtwege, besondere Auflagen der Feuerwehr

Infrastruktur

- Erreichbarkeit: Entfernung zu den Hotels, zum nächsten Bahnhof, Flughafen oder zur Autobahnanschlussstelle
- Ausreichend Parkflächen, sollten Gäste individuell mit Pkw anreisen
- Anlieferung: Maße der Türen sind wichtig für etwaige Exponate, Verfügbarkeit von Laderampen oder Ladewegen ist ausschlaggebend für den Aufwand bei verschiedenen Lieferanten

Hotel

- Kontingente und Kapazitäten
- Qualität von Zimmern, Service und Küche
- Verfügbarkeit von Suiten für VIPs
- Lage und Parkmöglichkeiten
- Abwicklung des Zahlungsverkehrs
- Stornierungsfristen

Veranstaltungstechnik

Projektionstechnik / Großbildleinwände

Bei nahezu jeder Veranstaltung kommt Projektionstechnik zum Einsatz, wenn Präsentationen gezeigt werden müssen oder ein Redner via Kameratechnik auf eine Großbildleinwand übertragen werden muss. Zudem sind Projektionen von Bildern oder Videos oftmals Dekorationselemente im Raum oder Teil des Bühnenbildes.

Gemessen an der Ton- und Lichttechnik nimmt die Projektionstechnik oftmals einen Großteil des Technik-Budgets in Anspruch, was zum einen insbesondere an den hohen Anschaffungskosten für leistungsstarke Beamer und Optiken liegt, zum anderen auch an der benötigten Videoregie, die eine Menge weiterer Hardware beinhaltet.

Wenn Sie in irgendeiner Form Präsentationen, Bilder, Videos oder ein TV-Bild – oder mehreres gleichzeitig – während der Veranstaltung auf eine Leinwand oder andere Projektionsflächen übertragen wollen, steht zuallererst die Entscheidung der richtigen Dimensionierung an. Die Dimensionierung sowohl der Projektionsfläche als auch der Projektionstechnik ist in erster Linie abhängig von:

- der Raumgröße und der maximalen Entfernung des Gastes zur Leinwand,
- der Raumhöhe, die die Leinwandgröße begrenzt, und
- insbesondere der Helligkeit des Raums.

Räume werden für Projektionen dann zu hell, wenn sie direkten oder indirekten Tageslichteinfall haben. Um die potentielle Helligkeit im Raum zu ermitteln, sollten Sie schauen, an welcher Position die Sonne zum Zeitpunkt der Veranstaltung stehen wird, denn direkte Sonneneinstrahlung macht eine kontrastreiche Projektion geradezu unmöglich. Sie können das im Büro leicht simulieren, indem Sie einen vorhandenen Beamer benutzen und zum Beispiel ein Video auf eine weiße, von der Sonne beschienene Fläche projizieren. Das Ergebnis ist im negativen Sinne beeindruckend. Zum Vergleich sollten Sie dann den Raum einmal halb und einmal ganz verdunkeln, um die Auswirkung einer teilweisen oder kompletten Verdunkelung im direkten Vergleich zu sehen.

Ich musste kurioserweise feststellen, dass dieser simple Zusammenhang zwischen der Grundhelligkeit eines Raumes und der erreichbaren Bildqualität (bezogen auf die Helligkeit der Projektion und den Kontrast) von Kunden meistens unterschätzt wird. Ich habe schon ein ums andere Mal mit Kunden in taghellen Räumen gestanden, die nicht abgedunkelt werden konnten, und musst erklären, dass wir zwar eine Projektion installieren können, man aber bei gutem Wetter praktisch kein verwertbares Bild haben wird – unabhängig von der Leuchtkraft des Beamers.

Und damit sind wir bei einem weiteren wichtigen Aspekt: der Hardware. Hier hat sich in den letzten Jahren technisch sehr viel entwickelt. Der Umschwung von einfachen LCD-Projektoren auf DLP-Projektoren hat in puncto Brillanz, Schärfe und Kontrast des Bildes eine Menge Fortschritt gebracht.

Flüssigkristallprojektoren (LCD) funktionieren im Prinzip wie Diaprojektoren, anstelle eines Dias haben sie jedoch kleine, transparente Flüssigkristallelemente. Die Vorteile: Sie sind in der Miete preiswerter als DLP-Projektoren und weisen eine gute Lesbarkeit bei Texten und Grafiken durch die scharfe Abgrenzung der Bildpunkte auf. Der Nachteil dieser etwas in die Jahre gekommenen Technik: Der LCD-Memory-Effekt (Einbrennen). Werden Stellen zu lange mit zu hellen Bildern angeregt, so werden sie langsam permanent dunkel. Das führt zur Abnahme des Kontrasts und begrenzt zunehmend die Helligkeit. Das wiederum ist der Grund dafür, warum die gemietete Hardware auf dem Papier funktioniert, aber leider nicht in der Realität.

DLP-Projektoren (Digital Light Processing) arbeiten mit einem anderen Prinzip der Bilderzeugung. Als Bildwandler kommt ein Digital Micromirror Device (DMD) zum Einsatz, eine integrierte Schaltung, auf der sich für jeden einzelnen Bildpunkt ein winziger, durch einen elektrischen Impuls kippbarer Spiegel befindet. Die Bilderzeugung erfolgt durch gezieltes Ansteuern der Kippspiegel, so dass das Licht in Richtung der Projektionsoptik geleitet oder abgelenkt wird. Da diese Art der Bilderzeugung nur die zwei Zustände „an" und „aus" kennt, müssen Helligkeitsabstufungen durch schnelles Pulsieren erreicht werden. Die DLP-Spiegel schalten bis zu 5.000 Mal pro Sekunde. Darin liegt der Hauptvorteil, denn durch diesen Mechanismus kann es nicht mehr zum Einbrennen des Bildes kommen, und insgesamt wird ein besserer Kontrast erreicht.

Auch hier empfehle ich Ihnen einmal den direkten Vergleich zwischen einem LCD- und einem DLP-Projektor. Sie werden tatsächlich einen Unterschied sehen und danach wahrscheinlich nie wieder einen LCD-Projektor mieten wollen! Die Nachteile der DLP-Projektoren: Sie sind lauter. Durch Lüfter und Farbrad entsteht ein lautes Rauschen, was bei geringem Abstand vom Publikum zum Gerat störend sein kann. Ein weiterer Nachteil, der sich indirekt negativ auf Ihre Veranstaltung auswirken kann: Die Lichtleistung der Lampe lässt schon innerhalb der ersten 100 Stunden um ca. 25 Prozent nach. Das zeigt sehr deutlich, dass die Wartung und das regelmäßige Austauschen des Leuchtmittels elementar wichtig für die Lichtausbeute und für die damit im Zusammenhang stehende Bildqualität sind. Doch das kostet viel Geld, was insbesondere Hotels nicht gerne ausgeben. Sollten Sie also eine Hotelveranstaltung planen und sich auf die Projektoren des Hauses verlassen, so sollten Sie definitiv einen Testtermin vereinbaren, um sich unter Veranstaltungsbedingungen im Saal im wahrsten Sinne des Wortes ein verlässliches Bild machen können. Es lohnt auch, sich bei anderen Technikverleihern zu erkundigen, wann das letzte Mal das Leuchtmittel getauscht worden ist. Normalerweise sollte es kein Problem sein, Ihnen eine entsprechende Dokumentation vorzulegen.

Leider spielt einem die moderne Architektur der letzten zehn Jahre in puncto Projektionstechnik nicht gerade in die Hände, denn sie ist oftmals durch viel Glas und Oberlichter gekennzeichnet. Um in solchen Sälen oder Räumen keine Totalverdunkelung vornehmen zu müssen, sollten Sie besser zu einem stärkeren Beamer greifen. Somit haben Sie gegebenenfalls abhängig von der Tageszeit und der wetterabhängigen Helligkeit draußen noch die Chance auf ein wenig Tageslicht im Raum. Das ist besonders bei Tagesveranstaltungen für die Gäste deutlich angenehmer, als in vollkommen „Schwarzen Löchern" zu sitzen. Das ist genauso ermüdend, wie in Dunkelheit Fernsehen zu schauen, ohne eine weitere Lichtquelle von der Seite zu haben.

Lässt sich generell keine gute Voraussetzung für eine Projektion schaffen, was zum Beispiel bei Outdoor-Events, die am Tag stattfinden, immer der Fall ist, so müssen LED-Großbildwände zum Einsatz kommen.

Abbildung: LED-Videoleinwand

LED-Leinwände funktionieren im Prinzip wie überdimensionierte Fernseher und setzen das Bild über rote, gelbe und blaue LED-Lämpchen zusammen. Der Abstand der einzelnen LEDs zueinander hat Einfluss auf die Auflösung und damit auch auf die Schärfe. Bei sehr großen Outdoor-Wänden, die auch bei Regen eingesetzt werden können, reichen LED-Abstände von 10 mm durchaus aus. Hier haben die Zuschauer in der Regel auch einen großen Abstand zur Wand, was die natürliche Unschärfe relativiert. Es kommt auch immer darauf an, was Sie auf der Leinwand zeigen wollen. Ein TV-Bild funktioniert gut, filigrane Grafiken mit feinen Linien in einer Präsentation funktionieren durch den Mangel an Bildpunkten nicht gut.

Outdoor-LED-Wände werden zum Beispiel zu Public-Screening-Zwecken eingesetzt. Große Wände weisen Flächen von über 100 Quadratmetern auf. Bei aller Größe und Flexibilität von LED-Leinwänden ist der Preis leider die Kehrseite der Medaille. Wer seine Mitarbeiter gerne zu einem Public Screening während der Fußball-WM auf dem Werksgelände einladen möchte, der wird für eine 100-Quadratmeter-LED-Wand und die weitere notwendige Tontechnik, Stromversorgung und Logistik für einen Tag annähernd 100.000 Euro berappen müssen. Leider lassen entsprechende Sport-Events die Preise in die Höhe schnellen, weil nicht unendlich viel Material verfügbar ist. In vermietungsschwachen Zeiten würden die Preise sicherlich nur bei 50 bis 60 Prozent dessen liegen.

Im Indoor-Bereich werden zum Beispiel auf Messeständen LED-Wände verbaut, die einen deutlich geringeren Abstand der einzelnen LEDs zueinander aufweisen. Bei einem Abstand von nur 4 mm lassen sich somit auf einer Fläche von x Quadratmetern mehr als doppelt so viele Bildpunkte erreichen wie bei einer 10 mm-Wand. Das Resultat ist eine mehr als doppelt so hohe Auflösung und Bildschärfe.

LED-Wände haben noch einen weiteren Vorteil: Sie bestehen aus einzelnen LED-Modulen, die dem Prinzip von Teppichfliesen vergleichbar – zusammengesetzt werden. Der Vorteil dieser Mechanik: Es können beliebige Formen gebildet werden, lange schmale Bänder zum Beispiel, die über die gesamte Bühnenbreite oder entlang eines Messestands verlaufen. Diese Variabilität in der Form macht LED-Wände zu einem sehr dekorativen technischen Element, was immer mehr Einzug in das Bühnenbild großer TV-Shows oder Konzertereignisse hält.

Ein Thema, das oft für Missverständnisse sorgt, sind unterschiedliche Bildformate und Auflösungen. Ein Bildformat wie zum Beispiel 16:9 beschreibt das Seitenverhältnis des Bildes. Die Auflösung sagt hingegen etwas über die Anzahl der Bildpunkte aus. Hier gilt: Je höher die Auflösung, umso höher ist normalerweise auch die Bildqualität. Allerdings ist auch hier zu berücksichtigen, dass die Bildqualität auf der Leinwand nicht besser sein kann als im Ursprungsdokument oder der Ursprungsbild- oder -videodatei. Veranstalter wollen oft eine Full-HD-Projektion, weil sie einen besonders hohen Anspruch an die Bildqualität stellen, liefern aber keine Full-HD-Qualität bei Fotos oder Videos ab. Was im Ursprung kein Full-HD ist, kann trotz bester Projektionstechnik nicht zu Full-HD werden!

Abbildung: Videoformate

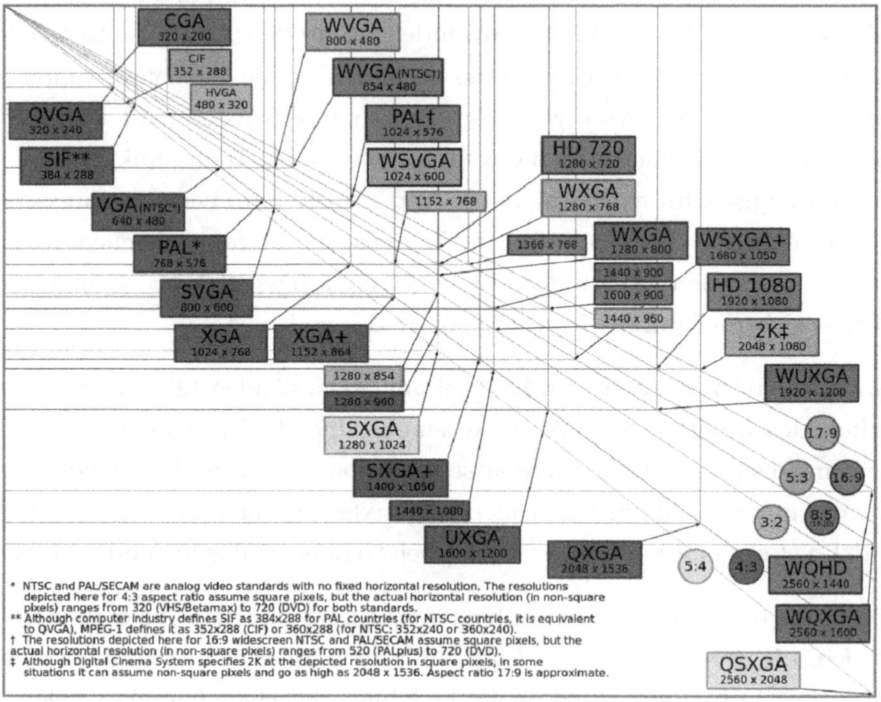

Bei Vortragsveranstaltungen in einem großen Plenum kommen mehr und mehr vom Standard abweichende Präsentationsformate wie zum Beispiel das Format 3:1 zum Einsatz. Das geht sehr in die Richtung eines starken Querformats, wie Sie es aus dem Kino (Format Cinema Scope) kennen. Ein sehr angenehmes und ästhetisches Format, das vor großem Publikum und bei einer entsprechend breiten Bestuhlung Sinn macht. Liefert der Projektor das Format 16:9, so ist das projizierte Bild nicht breit genug, wenn man es auf die Höhe der 3:1-Leinwand beschränkt. Sie würden rechts und links vom Bild einen schwarzen Streifen sehen. Somit muss das projizierte Bild auf die Leinwandbreite vergrößert werden und steht dann in der Höhe über. Diese Flächen werden in der Videoregie ausgeblendet. Der Nachteil: Jeder einzelne Bildpunkt wird durch diesen Vorgang auf der Leinwand größer, die Scharfe des Bildes nimmt ab, vergleichbar mit einem Foto am Bildschirm, das Sie stark vergrößern. Ab einem bestimmten Vergrößerungsgrad können Sie die einzelnen Bildpunkte erkennen, das Bild sieht unscharf aus.

Diesem Negativeffekt kann man entgegenwirken, indem das projizierte Bild aus mehreren Projektoren im sogenannten Soft-Edge-Verfahren zusammengesetzt wird. Eine Software teilt beim Soft-Edge-Verfahren das Videobild auf zum Beispiel zwei nebeneinander positionierten Projektoren auf. Das Bild wird dann mit Hilfe einer Überlappung beider Projektoren an der Schnittkante auf der Leinwand wieder zusammengesetzt. Logischerweise erhalten Sie beim Einsatz von zwei Projektoren auf der Leinwand in der Theorie doppelt so viele Bildpunkte wie mit einem einzelnen Projektor. Die Auflösung wäre demnach doppelt so hoch. In der Praxis sind es zwar aufgrund der erwähnten notwendigen Überlappung beider Projektionen zwar schlussendlich weniger als doppelt so viele Bildpunkte, aber der Gewinn an Auflösung ist dennoch signifikant. Man kann mit Hilfe dieses Soft-Edge-Verfahrens beliebig viele Projektoren nebeneinanderschalten, was auch unkonventionelle Projektionsformate möglich macht.

Abbildung: Soft-Edge-Verfahren mit drei Projektoren und einem Leinwandformat 4:1. Aufteilung in Präsentation im Format 3:1 und TV-Bild im Format 1:1

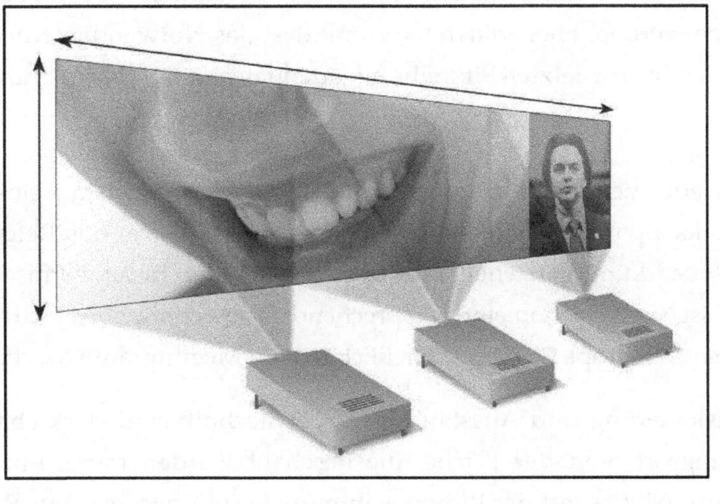

Projektoren oder LED-Wände allein bilden nur einen Teil der erforderlichen Technik ab, um ein Bild auf der Leinwand zu erzeugen. Wollen Sie Redner auf die Leinwand übertragen, brauchen Sie zusätzlich Kameratechnik. Für eine flexible Bildregie sogar mehrere.

Bildmischer und ein entsprechender Software-Einsatz sorgen dafür, dass die Leinwand wie eine große Videospielfläche genutzt werden kann. Mit Hilfe der PIP-Technik (Picture in Picture) lassen sich zum Beispiel TV-Bilder, Videos oder Präsentationen auf einen flexiblen Hintergrund setzen. Oder es können verschiedene Live-Bilder nebeneinander gesetzt werden. Darüber hinaus können im Videomischpult feste Motive oder Charts abgelegt werden, die jederzeit flexibel auf Knopfdruck eingeblendet werden können. Verlässt also zum Beispiel ein Redner die Bühne, wird einfach ein Chart mit dem Veranstaltungstitel über die letzte Präsentation und das Kamerabild geblendet. Sobald der nächste Redner am Pult angekommen ist, kann die Videoregie das Chart auf der Leinwand wieder gegen die Präsentation und das daneben platzierte Kamerabild eintauschen.

Keine Sorge, Sie sollen nicht zum AV-Techniker werden, allerdings ist es empfehlenswert, die Möglichkeiten der Bildgestaltung auf der Leinwand mit Ihrem Technik-Supplier in Bezug auf die erwähnten Gesichtspunkte zu diskutieren. Die Entscheidung für das passende Bildformat, die richtige Dimensionierung der Leinwand, für die Leistungsklasse des Beamers und für die technische Ausstattung der Videoregie muss vor allem im Hinblick auf die Plenums- oder Publikumsgröße hin getroffen werden. Hier sollten Sie zumindest das Notwendige tun, um Gästen von der ersten bis zur letzten Sitzreihe ein adäquates und lesbares Bild zu liefern.

Tontechnik

Bei nahezu jeder Veranstaltung werden Sie Tontechnik brauchen. Selbst bei einem kleinen Workshop mit 20 Teilnehmern. Dann kann man zwar den Referenten auch gut ohne Verstärkung verstehen, falls er aber ein Video in seine Präsentation eingebaut hat, ist hierfür schon eine entsprechende Tontechnik notwendig – die Lautsprecher seines Laptops können schließlich keinen Meetingraum beschallen!

Die Dimensionierung und Ausstattung der Tontechnik sind stark abhängig vom Veranstaltungsort, von der Fläche, die beschallt werden muss, und vom Programm selbst. Gibt es auf der Bühne während eines Kongresses nur Redebeiträge und ab und an mal ein Video, dann ist das eine ganz andere Anforderung an die Tontechnik als bei einem Event mit Show und Band.

Es ist nicht notwendig, an dieser Stelle in die Tiefen der Audio-Physik einzutauchen, denn dafür gibt es Toningenieure. Ein paar grundsätzliche Dinge über Tontechnik sollten Sie aber auf jeden Fall verstehen, damit Sie gezielt über Ihre Anforderungen an die Technik sprechen können und zum Beispiel in der Lage sind, zu prüfen, ob die Haustontechnik des zur Auswahl stehenden Veranstaltungsorts für Ihre Belange ausreichend ist.

- **Mikrofonierung**

  Der beste Kompromiss aus Optik und Tonqualität beim Redner ist das Headset. Damit kann sich der Redner auf der Bühne frei bewegen. Die Klangqualität ist besser als beim Lavalier- oder Ansteckmikrofon, die außerdem den Nachteil haben, dass sie oft Störgeräusche verursachen. Das passiert, wenn zum Beispiel die Krawatte am Mikrofonkopf scheuert. Dreht der Redner den Kopf, dreht das Ansteckmikro außerdem nicht mit. Die Folgen sind dann eine abnehmende Qualität und Lautstärke. Darüber hinaus neigen Ansteckmikrofone eher zu Rückkopplungen als Headsets. Mikrofone, die fest am Rednerpult befestigt sind, erreichen zwar auch eine hohe Klangqualität, allerdings kann sich der Redner dann nicht von der Stelle bewegen. Und dreht er den Kopf zur Leinwand, weil er mit dem Laserpointer darauf etwas zeigen will, so spricht er nicht mehr in die Mikrofone, sondern daran vorbei. Dieses Problem bekommen Sie auch beim Einsatz von Handsendern. Das sind große, kabellose Mikrofone, die der Redner in die Hand nehmen muss. Wer damit zu wenig Übung hat, hält das Mikrofon überall hin, aber nicht dahin, wohin es gehört: hoch vor den Mund. Ein weiterer Nachteil des Handsenders: Der Redner hat nur noch eine Hand frei. Damit ist er kaum in der Lage, durch die Moderationskarten zu blättern.

  Die Mikrofonierung von Sängern und Bands erfolgt anders, aber hier ist der Umgang mit Mikrofonen geübt. Hier haben die Künstler auch eigene Vorstellungen und Vorlieben.

- **Beschallung**

Grundsätzlich gilt: Der Ton muss aus der Richtung kommen, wo er entsteht. Haben Sie also einen Redner oder eine Live-Band auf der Bühne, muss der Schall aus dieser Richtung über die Lautsprecher kommen. Klingt banal, ist aber längst nicht immer Realität. Wenn der Zuschauer in Richtung Bühne schaut, wo die Sängerin steht, und hört diese aber von links, so ist das für ihn kein harmonisches Klangbild und irritierend. Denn sein Unterbewusstsein „versteht" die Situation nicht. Ich habe schon in einem Kongressplenum gestanden, da hörte man den Redner von allen Seiten: von vorne, von rechts, von links, sogar von hinten. Tatsächlich waren im Kreis um den Zuschauerblock herum überall Lautsprecher verteilt!

Jeder Lautsprecher, jedes Soundsystem hat seine Grenzen. Die richtige Dimensionierung für die Breite und Länge des Publikumsbereichs ist ausschlaggebend für ein gutes Klangergebnis und eine gute Verständigung. Besonders bei der Übertragung von Sprache werden schon nach wenigen Metern sogenannte „Delay Lines" notwendig. Sie bestehen aus weiteren Lautsprechern im Raum, damit der Abstand der Zuschauerohren zum Lautsprecher möglichst gering ist. Ohne diese Delay Lines würde aufgrund der unterschiedlichen Geschwindigkeit von Schall und Licht die Mundbewegung nicht mehr zum Gehörten passen. Auch wenn der Versatz nur wenige Millisekunden ist, wäre er doch spürbar und störend.

Hinsichtlich der Lautsprechertechnik ist vor allem der Unterschied zwischen konventionellen und sogenannten Line-Array-Systemen zu nennen. Kaum ein Veranstaltungsort – außer vielleicht ein modernes Opernhaus – ist schalloptimiert gebaut worden: Oft werden zum Beispiel alte Industriebauten zu Veranstaltungshallen umfunktioniert. In einer solchen Umgebung ist der Schall schwer zu steuern, man hat mit Hall und vielen Reflexionen zu kämpfen, weil der Schall durch die Materialien schlecht absorbiert wird. Line-Array-Systeme erreichen durch ihre spezielle „Bananenform" eine gezieltere und kontrolliertere Abstrahlung des Schalls als konventionelle Systeme. Das sorgt vor allem für mehr Interferenzfreiheit und gleichmäßige Schalldruckverteilung über den gesamten Zuschauerraum. Hieraus ergibt sich allerdings auch ein Nachteil: Um das System korrekt und effektiv einzusetzen, bedarf es genauer Planung.

Abbildung: Line-Array-System

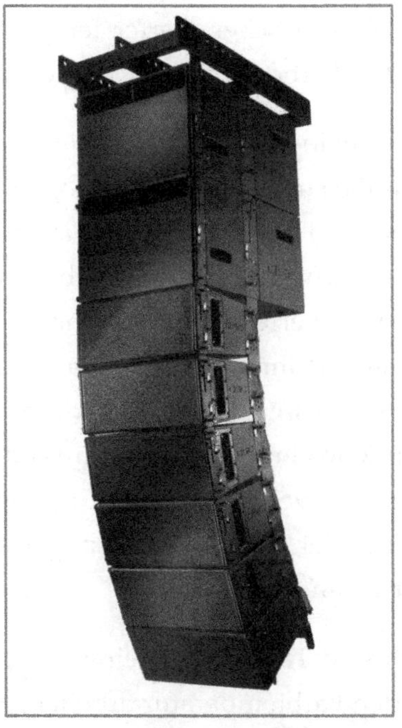

LICHTTECHNIK

Eine kreative und professionelle Illuminierung erweckt jeden Veranstaltungsraum zum Leben. Einige gut ausgestattete Veranstaltungsräume verfügen über ein Basis-Set-up an Lichttechnik, um den Raum oder die Bühne auszuleuchten. In den allermeisten Fällen reicht die hauseigene Lichttechnik aber nicht aus und muss orientiert am geplanten Programm aufgestockt werden. Es gibt selbstverständlich Licht-Designer, die zur Technik-Crew gehören und die sich kreative Gedanken über die lichtmäßige Ausgestaltung der Veranstaltung machen können. Wichtig ist, diese Licht-Designer zu einem frühen Zeitpunkt mit in das Planungsteam zu holen, damit sie von vornherein eine zum Programm passende Planung aufbauen können. Licht hat längst nicht nur den Sinn, etwas hell genug auszuleuchten. Licht ist ein Gestaltungselement und deshalb auch indirekt ein Bestandteil des Veranstaltungsdesigns. Licht kann farbige Akzente setzen und die Farben Ihrer Marke aufgreifen. Auch können mit Hilfe von Gobos zum Beispiel Logos mit Licht auf Wände oder andere Flächen wie Boden, Fassade oder sogar Wolkenhimmel projiziert werden.

Der Lichttechnik stehen heute zahlreiche unterschiedliche Scheinwerfermodelle zur Auswahl, die je nach Einsatzzweck ausgewählt werden. Die wichtigste Unterscheidung besteht darin, ob sich Scheinwerfer ferngesteuert über das Lichtstellpult bewegen lassen und ihre Farbe verändern können oder nicht.

Statische, konventionelle Scheinwerfer, wie zum Beispiel das gängige PAR-64-Modell, werden zur Grundbeleuchtung herangezogen. Hiermit werden Akzente im Raum gesetzt oder kleinere Flächen punktuell ausgeleuchtet. Sie sind darüber hinaus oft Bestandteil einer aufwendigen Bühnenbeleuchtung für Showacts oder Live-Bands. Alle diese Scheinwerfern sind dimmbar, das bedeutet, sie können vom Lichtstellpult aus gesteuert ihre Helligkeit variieren. Was solche Scheinwerfer nicht können, ist von selbst ihre Farbe verändern. Dazu müssen sie gefiltert werden. Das bedeutet, vor jede einzelne Lampe muss dazu eine Farbfolie in einer speziellen Halterung eingelegt werden. Dieser Vorgang ist sehr personalintensiv und entsprechend wenig flexibel, denn die einmal gewählte Farbe lässt sich während der Show nicht mehr verändern.

Ebenfalls meistens statisch sind Tageslichtscheinwerfer, die mit einer bestimmten, das Tageslicht simulierenden Farbtemperatur arbeiten. Hier unterscheidet sich der „Weißeindruck" des Lichts sehr von dem anderer Lampen. Besonders für den Erhalt von Farbechtheit bei Exponaten wie zum Beispiel bei Automobilen ist der Tageslichteinsatz unerlässlich, wenn die Farbe des Lackes nicht verfälscht werden soll.

Kopfbewegte Scheinwerfer oder „Moving Lights" können sich um zwei Achsen drehen und somit in jede nur denkbare Richtung leuchten. In solche Scheinwerfertypen können Glasgobos integriert werden. Das sind kleine runde Glasscheiben, auf die zum Beispiel Typografie oder ein Veranstaltungslogo gelasert wird, das später projiziert werden kann. „Wash Lights" sind auch kopfbewegt und vor allem für eine farbliche Gestaltung zu gebrauchen.

Andere Lampenarten werden als Profilscheinwerfer, Stufenlinsen oder Verfolger bezeichnet. Profilscheinwerfer erzeugen einen sehr schmalen Lichtkegel und werden für die sehr punktuelle Ausleuchtung von Dingen oder Personen eingesetzt. So zum Beispiel, um einen Redner, der am Rednerpult steht, von mehreren Seiten aus perfekt auszuleuchten. Stufenlinsen sind die klassischen „Theaterscheinwerfer". Große, bis zu mehrere Kilowatt starke Lampen für die Grundausleuchtung von Flächen. Das kann die Bühne sein oder der Zuschauerraum. Als Verfolger werden die klassischen „Spots" bezeichnet, große Lampen, die auf Stativen hinter dem Publikum oder im Hallendach positioniert sind. Von hier aus werden sie von Hand geführt, um Moderatoren oder Künstler auf der Bühne stets im Scheinwerferlicht zu behalten. Wenn Sie ohne Verfolger arbeiten, müssen Sie sich darüber im Klaren sein, dass Akteure auch einmal „aus dem Licht" gehen. Das bedeutet, sie verlassen die zuvor ausgeleuchteten Positionen, weil sie sich geblendet fühlen oder gar ihre festgelegte Position auf der Bühne vergessen. Gehen sie aus dem Licht, sind sie, wenn es sonst im Saal dunkel ist, nicht mehr zu erkennen. Auch verlieren TV-Kameras in solchen Momenten die Möglichkeit eines sendefähigen Bilds. Aus diesem Grund werden in TV-Shows alle Positionen von Moderatoren und Gästen exakt festgelegt und penibel ausgeleuchtet, um immer eine perfekt illuminierte Person und Umgebung zu erreichen. Sie können das Risiko am besten dadurch minimieren, dass Sie auf der Bühne und einen gewissen Bereich um die Bühne herum für eine zumindest flächendeckende Grundausleuchtung sorgen, die flexibel „hochgedreht" werden kann. Ich erinnere mich in diesem Zusammenhang an einen Kongress, bei dem die Redner konsequent von der Bühne gestiegen sind und abseits der Bühne referierten. Wahrscheinlich wurde ihnen unter den vielen Lampen zu warm, einigen war es schlichtweg zu hell. Dieses Verhalten ist natürlich unprofessionell, aber verhindern lässt es sich nicht. Damals waren wir lichtseitig nicht darauf eingestellt, seitdem aber schon!

Einen großen Fortschritt hat die LED-Technik gebracht: Die Lampen werden nicht mehr heiß, sie sind kleiner bei höherer Lichtleistung, und die Leuchtmittel selbst sind um ein Vielfaches haltbarer geworden. Hinzu kommt die Flexibilität in der Farberzeugung, die vergleichbar mit einem LED-Monitor keine Wünsche offen lässt.

Bühnenbau

Für den Bau der Bühne müssen Sie zahlreiche Entscheidungen treffen:

- Wie groß soll die Bühne sein?
- Welches Format oder welche Form?

- Welche Höhe und welche Ebenen?
- Welcher Bühnenbelag?
- Wie viele Aufgänge und wo?
- Welcher Bühnenhintergrund?
- Welches Bühnenbild?
- Besondere Sicherheitsanforderungen?

Die Größe der Bühne richtet sich vor allem nach den Dingen, die auf ihr stattfinden sollen. Ein Rednerpult mitsamt Redner braucht nur wenige Quadratmeter Platz. Eine Tanzperformance mit acht Tänzern und zwei Akrobaten braucht schnell 50 Quadratmeter Platz oder mehr. Neben der Aktion auf der Bühne ist auch das Verhältnis zwischen Bühne und Raum ausschlaggebend für die richtige Dimensionierung. Eine 4 x 6 Meter große Bühne wirkt in einer 2.000-Quadratmeter großen Halle lächerlich klein. Die Höhe der Bühne muss sich in erster Linie an der Deckenhöhe des Raums orientieren sowie an der Publikumsgröße. Eine Bühne mit der Höhe von einem Meter vor einem Publikum mit 100 Personen wirkt ungünstig. Hier spricht der Redner auf die Leute herab wie der Pfarrer von der Kanzel. Vor 2.000 Personen wiederum muss er entsprechend hoch stehen, sonst „verschwindet" er optisch für die hintere Hälfte der Zuschauer. Die Bühnenhöhe wird oft durch die Raumhöhe beeinflusst. In vielen Hotelsälen beispielsweise liegt die Raumhöhe nur zwischen 3,5 und 4 Metern. Hier macht lediglich ein Podest mit einer Höhe von 40 bis 60 cm Sinn, weil der Redner sonst fast „unter der Decke klebt". Darüber reglementiert die allgemeine Versammlungsstättenverordnung eine potentielle Bühnenhöhe ohne Geländer.

Das Format und die Form der Bühne sind vor allem eine Sache von Kreativität und Budget. Es gibt ausgesprochen schönes, aber dann oft auch aufwendiges Bühnen-Design. Das ist aber nicht mehr nur mit Standardbühnenelementen zu konstruieren, sondern hier müssen einzelne Elemente auf Anforderung geschreinert werden. Ob konventionell oder individuell: Zusätzlich müssen Sie die Verblendung und den Bühnenbelag festlegen. Tänzer brauchen zum Beispiel einen Tanzboden. Besonders ästhetisch können matte oder glänzende Kunststoffverlegeplatten wirken, die in beinahe jeder Farbe lieferbar sind. Bei sehr hellem Bühnenbelag ist zu bedenken, dass er sehr stark das Scheinwerferlicht reflektiert. Diese Lichtreflexe können zum Beispiel die Qualität einer Videoprojektion auf einer über der Bühne hängenden Leinwand stark beeinträchtigen.

Wichtig zu klären ist die Frage nach den Bühnenaufgängen. Sie können einfach umgesetzt Backstage platziert sein. Sollten aber Personen aus dem Publikum auf die Bühne müssen oder umgekehrt Künstler von der Bühne ins Publikum wollen, dann muss eine Fronttreppe gebaut werden. Eine große, breite „Showtreppe" macht Eindruck, ist aber kostspielig, besonders wenn sie mit beleuchteten Elementen versehen wird.

Bleibt die Frage nach Bühnenhintergrund und Bühnenbild. Beides ist miteinander verknüpft, denn der Bühnenhintergrund ist ein Teil des Bühnenbildes. Das Bühnenbild beschreibt die komplette Bühnengestaltung aller Seiten, der Aufgänge, des Himmels und des Hintergrunds. Gleichermaßen können spezielle Bauten und Dekorationselemente, die stehen oder hängen, integriert werden. Auch hierfür stehen ausgebildete Bühnendesigner zur Verfügung. Schlussendlich ist das Bühnenlicht hinsichtlich der visuellen Ästhetik die halbe Miete. Mit farbigem und bewegtem Licht lässt sich hier am besten ein schmales Budget „überspielen".

Catering

Essen und Trinken sind wesentliche Bestandteile jeder Veranstaltung. Die Bedeutung von Speisen und Getränken inklusive ihrer Präsentationsform für Dramaturgie und Inszenierung habe ich bereits hinlänglich beschrieben. Ich möchte mich diesem Thema deshalb jetzt mehr von der operativen Seite nähern. Denn was nützt Ihnen das beste Essen, wenn es nicht für alle Gäste reicht? Wenn es kalt anstatt warm serviert wird? Wenn die Suppe versalzen ist oder das Menü einfach nicht pünktlich und schnell genug geschickt wird?

Catering ist also neben dem kreativen Teil, der sich um Menüauswahl, um Präsentationsformen und Dekoration kümmert, auch eine Frage der Logistik. Besonders an Orten, die über keine Küchen-Infrastruktur verfügen, kann das schnell zu einer Herausforderung werden. Die Kosten für das Einrichten einer Großküche „auf der grünen Wiese" werden dabei schnell unterschätzt. Die Mieten für entsprechendes Küchen-Equipment verschlingen schnell 10 bis 20 Prozent der Kosten für Speisen und Getränke. Catering hat demnach auch sehr viel mit Technik zu tun: mit Abläufen, mit Ausrüstung, mit Material und Logistik.

Zunächst möchte ich Ihnen nochmals klar machen, wie wichtig der Erfolg des Caterings für Ihren Gesamterfolg ist. Sie dürfen sich bei vielen Dingen eine Panne erlauben, aber nicht beim Essen! Sie ahnen nicht, wie sehr zu kaltes Essen, zu wenig Essen, nicht schmeckendes Essen im Gedächtnis der Leute bleibt: über Jahre! Und zwar bei Ihren Gästen, bei Ihren Mitarbeitern, bei Ihren Vorgesetzten und allen anderen Anwesenden. Genauso allerdings bleiben auch die Gaumenfreuden, der perfekte Service, die unkonventionelle Zutat in Erinnerung. Und gerade weil dieses Thema so wichtig ist und so wichtig und ernst genommen und bewertet wird, müssen Sie sich besser damit auskennen als jeder andere im Saal!

Wissen und Erfahrung mit Catering beginnt beim Essen selbst! Und das können Sie nur dann wirklich treffend beurteilen, wenn Sie sich selbst detailliert damit auskennen. Haben Sie schon einmal Sterne-Küche probiert, ein komplettes Acht-Gänge-Menü genossen? Haben Sie schon einmal eine Currywurst mit hochwertiger Rindswurst und hausgemachter Soße probiert? Oder Austern? Wissen Sie, was Foie gras ist? Oder Rillette? Oder Brioches? Letztere reicht man gewöhnlich zu Erstgenanntem. Kennen Sie den Unterschied zwischen Blanchieren und Pochieren? Zwischen Confieren und Karamellisieren?

Nein, Sie sollen keine Kochlehre anstreben, aber das ist gängiges und simples Allgemeinwissen für Menschen, die sich für alles Kulinarische dieser Welt interessieren. Das hat nichts mit Hummer, Kaviar und Co., mit Luxus und Jetset zu tun! Das ist Grundhandwerkszeug eins Event Managers. Falls Sie jetzt glauben, dass Sie ein kulinarischer Banause sind, lautet die gute Nachricht: Sie haben eine faszinierende, eine aromatische und spannende Reise vor sich! Denn ab heute werden Sie am besten jedes Mal, wenn Sie essen gehen, jedes Mal, wenn Sie selbst kochen, etwas ausprobieren, das Sie noch nicht kennen, das Sie noch nie zuvor probiert haben! Dann werden Sie nicht nur schnell auf den Geschmack von vielen neuen Zutaten und Aromen aus der ganzen Welt kommen, sondern vielleicht sogar eine Leidenschaft für eines der wichtigsten und gleichzeitig schönsten und geselligsten Dinge entwickeln: richtig gut zu essen! Und wie gesagt, es geht nicht um Abgehobenes oder um Exzentrisches vom anderen Ende der Welt. Ich möchte Sie nicht motivieren, unter Lebensgefahr Kugelfisch zu essen, auch nicht, mit Ekel gegrillte

Heuschrecken zu naschen. Es muss auch nicht immer das Filet oder der Trüffel sein. Wie bei so vielen Dingen im Leben, die wir konsumieren: Die Mischung und die Qualität machen den Unterschied! Und einer Sache können Sie sich sicher sein: Das sehen die Gäste Ihres Events ganz genauso!

Das ist sicherlich ein kleines Plädoyer für die großen Küchen dieser Welt, aber es liefert Ihnen gleichzeitig auch den Grund dafür, warum Ihre Gäste das Essen so wichtig nehmen: Es ist wichtig! Es ist Lebensqualität, es ist Anspruch. Denn: „Man ist, was man isst!" Diesen so wahren Satz sollten Sie sich bei einem guten Barolo aus dem Piemont einmal auf der Zunge zergehen lassen und dann überlegen, ob das kulinarische Leben eines Event Managers vorzugsweise aus Convenience-Produkten, Hamburgern oder Tiefkühlpizza bestehen darf.

Grundsätzlich ist Essen eine höchst persönliche Angelegenheit, und jedem stehen seine Neigung und sein Geschmack zu! Über Ihre Interessen und über Ihre kulinarische Bildung kann ich natürlich nur spekulieren. Ob Sie sich also angesprochen fühlen oder nicht, liegt ganz bei Ihnen!

Im Übrigen: Gleiches gilt für die Getränke. Ich persönlich trinke lieber keinen Wein anstatt eines schlechten. Auch wenn der Preis längst nicht immer ein Qualitätsurteil ist: Ein Syrah aus Südafrika für 3,99 Euro gehört in den Kochtopf, aber nicht in Ihr Glas oder in das Ihrer Gäste! Wenn Sie von diesem Ladenpreis die Mehrwertsteuer, die Handelsspannen sowie die Kosten für Flasche, Etikett, Korken, Transport, Herstellungsprozess, Werbung, Margen etc. abziehen, sollten Sie sich fragen, wie viel Cent der Wein vor Ihnen eigentlich Wert ist und ob Sie das in sich hineinkippen wollen. Es handelt sich hier immerhin um ein Naturprodukt und nicht um eine synthetische Brause. Wissen und Erfahrung bezüglich Weinen und Champagner, Whiskey oder andere Spirituosengattungen aufzubauen, ist nicht einfach und braucht Zeit. Aus Erfahrung kann ich Ihnen aber sagen, dass es viel Eindruck beim Probeessen mit dem Kunden macht, wenn Sie selbst in der Lage sind, eine fundierte Weinempfehlung auszusprechen. Vergessen Sie nicht: Es könnte Ihnen auf Kundenseite ein Weinkenner gegenübersitzen. Und wie wollen Sie bei Ihrem Ansprechpartner seine Wein-Vorlieben abfragen, wenn Sie seine Antwort nicht deuten oder gar in Gewächse und Herkunftsregionen übersetzen können? Wenn er zum Beispiel lieber einen erdigen Weißwein möchte als einen fruchtigen, wenn er es etwas säurebetonter zum kräftigen Champagnerkaut unter dem Zanderfilet mag. Woher also sollten Sie ohne Vorbildung wissen, dass ein Badener Riesling wahrscheinlich der Wein ist, der ihn zu genau diesem Essen begeistern würde?

Wein ist aber zum Glück kein Buch mit sieben Siegeln. Buchen Sie einen Platz im Weinseminar, kaufen Sie sich ein paar Bücher zum Thema oder abonnieren Sie eine Fachzeitschrift. Und probieren Sie! Immer noch geht Probieren über Studieren. Versuchen Sie, etwas über den Wein in Ihrem Glas herauszufinden. Lesen Sie im Internet Beschreibungen und versuchen Sie nachzuvollziehen, was hier über Aromen, über Säure oder Süße steht.

Die Speisen

Bei der Speisenauswahl müssen Sie einige Faktoren berücksichtigen. Wichtig ist die Zusammensetzung der Gäste. Sind Gäste des chinesischen Joint Ventures anwesend, sollte etwas aus der kantonesischen Küche auf dem Speisenplan stehen. Es ist ein Akt der Höflichkeit und der Gastfreundschaft, die Herkunft der Gäste zu beachten. Das zeigt, dass Sie sich mit ihnen und ihrer Heimat auseinandergesetzt haben. Genauso sinnvoll sind bei ausländischen Gästen aus ihrer Sicht landestypische Speisen, vielleicht neu interpretiert. Heutzutage unerlässlich sind vegetarische oder gar vegane Alternativen bei jedem Fleisch- oder Fischgang. Hier ist der Service beim gesetzten Essen anzuweisen, den Bedarf pro Tisch exakt abzufragen. Grundsätzlich bin ich bei der Speisenauswahl der Meinung, dass man versuchen sollte, einen Bezug zum Thema der Veranstaltung, zum Motto oder zum Anlass herzustellen. Das darf aber nicht „mit der Brechstange" erfolgen. Der italienische Vorspeisenteller oder das Rinderfilet sind zwar Dauerbrenner, allerdings auch entsprechend „gewöhnlich" geworden. Solche Altbekannten lassen kaum ein kulinarisches Herz mehr höher schlagen.

Präsentationsformen

Sie haben die Wahl zwischen Buffet und Menü. Der Unterschied besteht darin, dass beim Buffet der Gast zum Essen gehen muss, während der einzelne Gang des Menüs dem Gast serviert wird. Es ist auch eine Mischung aus beidem denkbar. Buffets führen besonders bei vielen Gästen zum Problem der Schlangenbildung. Bis hier jeder einzelne Gast bei seinem ersten Gang zum Buffet seine Entscheidung getroffen hat, was er will, etwas auf den Teller gelegt hat oder hat legen lassen, vergehen im Durchschnitt sicherlich 30 Sekunden Zeit. Bei 1.000 Gästen entspricht das 500 Minuten oder acht Stunden! Aus diesem Grund werden immer mehrere, identische Buffetstationen gebaut, um die Menge an Gästen abzufedern. Aber selbst bei vier Stationen benötigen Sie immer noch ca. zwei Stunden Zeit, um alle Gäste mit Essen zu versorgen. Aus diesem Grund eigenen sich meiner Ansicht nach Buffets für große Gästemengen nur bedingt. Wer aber kein steifes, gesetztes Essen an Banketttischen möchte, hat kaum eine andere Wahl. Hier kommt es auf eine perfekte Maschinerie hinter den Kulissen an, damit das Warten durch fehlenden Nachschub nicht auch länger dauert als ohnehin schon notwendig. Ein Vorteil der Buffets ist der Preis. Er ist niedriger als beim Menü, was nicht an der Qualität der Zutaten oder der Speisen liegt. Es liegt daran, dass bei Weitem weniger Servicepersonal im Einsatz ist. Ein Buffet passt gut zu legeren Veranstaltungen, bei denen viel Bewegung der Gäste gewünscht ist und man sie sowohl an Tischen als auch an Stehtischen essen lassen möchte.

Um ein Menü perfekt am Tisch der Gäste zu servieren, sind so viele Service-Kräfte wie Personen am Tisch notwendig, denn allen Gästen muss das Essen gleichzeitig serviert werden. Besonders schön ist der Effekt, wenn die Speisen noch mit großen, silber glänzenden Hauben, sogenannten Gloschen, verdeckt sind, die alle gleichzeitig vom Teller gehoben werden. Bei 500 Gästen kann man aber nicht einzeln tischweise vorgehen, das würde zu lange dauern. Also werden entsprechend viele Service-Teams gebraucht, die immer geschlossen Tisch für Tisch servieren.

Ein gesetztes Essen mit Menü hat eine starre Sitzordnung oder Bestuhlung an runden Banketttischen zur Folge, was nicht zu jeder Veranstaltung passt. Wer eine legere Stehparty will, kann allerdings auch ein Menü servieren. Dann spricht man von einem Flying Dinner. Bei dieser in den letzten Jahren in Mode gekommenen und weiter perfektionierten Präsentierform werden die Speisen auf kleinen Tellerchen oder in Gläschen serviert. Alle Speisen sind mundgerecht aufbereitet, so dass kein Messer benötigt wird. Der unschlagbare Vorteil: Jeder Gast kann essen, ohne an einem Tisch sitzen oder stehen zu müssen. Er braucht nur die Möglichkeit, sein Glas auf einem Stehtisch oder auf einem Board abzustellen. Ein Flying Dinner ist ebenfalls sehr personalintensiv und hat den Nachteil, dass nicht gut zu steuern ist, an welcher Stelle im Saal schon was serviert wurde. Wenn der Service hier nicht den Überblick behält, kommt es schnell zu Unzufriedenheit bei Gästen, die zu lange warten oder zu denen eine bestimmte Speise nicht vordringt. Für ein solches Konzept brauchen Sie einen erfahrenen Serviceleiter, der nichts anderes tut, als zu koordinieren und zu beobachten. Funktioniert aber alles, wie es soll, so macht diese attraktive und immer noch unkonventionelle Form der Speisenpräsentation den Gästen Spaß!

Was immer im „Flying“ serviert wird, ist Fingerfood. Hier kommt auch immer noch ein haptisches Erlebnis hinzu, was vielleicht den Hauptgrund dafür ausmacht, warum es so beliebt ist. Es dient dazu, den Gästen etwas gegen den Heißhunger zu bieten, eine Kleinigkeit zu reichen, während sie den Sekt oder den Champagner beim Empfang zu sich nehmen.

Getränke

So wichtig wie die Speisen sind auch die Getränke. Individuelle Mixgetränke oder die Verwendung von Lebensmittelfarbe machen einen Drink zur leckeren Markenbotschaft. Grundsätzlich müssen Sie mit dem Auftragnehmer für den Getränkeausschank exakt festlegen, was er wann ausschenken soll. Lassen Sie sich Vorschläge für Wein, Sekt oder Prosecco unterbreiten und probieren Sie sie. Es empfiehlt sich je nach Kunde, ihm auch Probeflaschen zuzusenden. Auch die Biersorte sollten Sie hinterfragen und nie das alkoholfreie Bier und das Weizenbier vergessen! Spirituosen kommen wegen der Kosten und der Alkoholmenge, die nicht jedem Gast gut bekommt, kaum zum Einsatz. Besonders an Orten, an denen die Gäste aber solche Drinks bestellen können – wie zum Beispiel im Hotel an der Hotelbar –, müssen Sie sicherstellen, dass die Gäste vom Service freundlich informiert werden, dass sie als Veranstaltungsgast zwar den Cognac bestellen können, aber dann Selbstzahler sind. Oftmals werden ein paar Standard-Longdrinks wie Caipirinha oder Wodka-Tonic definiert, die Teil des Angebots für die Kunden sind.

Wenn es um die Getränkekosten geht, so lautet die Faustformel: Kalkulieren Sie die gleichen Kosten ein wie für die Speisen. Damit werden Sie in den allermeisten Fällen gut fahren. Sollte es der Champagner zum Empfang sein, und bekommen die Gäste alles, was die Hausbar hergibt, so liegen die Kosten auch schnell darüber. Ich habe gute Erfahrungen mit dem Modell der Getränkepauschale gemacht. Der Caterer legt dann gemeinsam mit Ihnen die Getränkeauswahl und den Zeitrahmen fest, in dem die Getränkepauschale gilt. Sollte die Veranstaltung länger dauern, kann eine zuvor entsprechend niedriger kalkulierte Pauschale gelten, weil schon viele Gäste die Veranstaltung verlassen haben, oder sie fordern den Caterer auf, nach Verbrauch abzurechnen. Immer wenn Sie nach Verbrauch abrechnen, müssen Sie sich überlegen, den vom Caterer deklarierten Verbrauch auch zu kontrollieren. Das bedeutet, dass Sie nach der Veranstaltung mit ihm aufs Lager gehen, um leere Fässer, Kästen oder Flaschen zu zählen. Vertrauen ist gut, Kontrolle ist besser!

Tischordnung

Noch ein Punkt, über den man sich Gedanken machen muss, ist die Tischordnung. Zur Auswahl stehen eine strikte Tischordnung, freie Platzwahl oder Zonen. Aber auch Mischformen kommen zum Einsatz. Bei sehr formellen Anlässen ist es durchaus von Vorteil, genau Einfluss zu nehmen, wer mit wem am Tisch sitzt. In vielen Fällen ist das sogar unerlässlich. Sie werden es nicht dem Zufall überlassen können, wer mit Ihrem Vorstand am Tisch sitzt. Zudem gehören Außendienstmitarbeiter an einen Tisch mit ihren Kunden. Darüber hinaus gibt es viele andere Beispiele, die eine Steuerung der Tischzusammensetzung erfordern. An runden Banketttischen können im Normalfall acht bis neun Personen platziert werden. Aus mangelndem Platz für genügend Tische auch schon einmal zehn bis zwölf, allerdings nur mit schmalen Stühlen, und es wird ein bisschen „kuscheliger". Der große Vorteil runder Tische ist die kommunikative Form: Alle können sich gut sehen, alle können miteinander sprechen, was an langen Tafeln nicht der Fall ist.

Wenn Sie eine strikte Tischordnung vermeiden können, dann sollten Sie das unbedingt tun. Zum einen bin ich der Meinung, dass man Menschen keine Dinge diktieren sollte, die nicht unbedingt diktiert werden müssen. Zum anderen machen Sie mit einer strikten Sitzordnung ein „riesen Fass auf". Denn Sie werden die Sitzordnung x-mal ändern müssen, weil neue Gäste bis zur letzten Sekunde hinzukommen werden und weil Führungskräfte Sie mit Sonderwünschen bombardieren.

Es kann durchaus ausreichen, ein paar VIP-Tische mit strikter Sitzordnung zu versehen, den Rest aber mit freier Platzwahl zu versehen. Hinzu kommt, dass in einem Saal mit 20 Tischen die Orientierung schwerfällt und Gäste ohne Hilfe oft lange umherirren, bis sie endlich ihren individuellen Platz gefunden haben. Das ist auch ein großer Zeitaufwand, den sie einkalkulieren müssen. Da helfen auch oft die ausgehängten Pläne im Foyer nicht weiter, weil der Inhalt nach wenigen Metern schon wieder vergessen wurde. Auf die Frage „An welchem Platz sitze ich nochmal?“ müssen Sie mit Personal reagieren, das Gästelisten bei sich trägt und die „Obdachlosen“ schnell zum Platz begleitet.

Freie Platzwahl ist nicht weiter zu erläutern, sie ergibt sich bei Stehpartys oder Stehempfängen automatisch. Eine halbfreie Platzwahl ist zum Beispiel die Zuordnung der Gäste zu Zonen im Saal. Hier platzieren Sie die Gäste in ausgewiesenen Zonen, die zum Beispiel farblich durch die Tischdekoration oder die Stuhlhussen markiert werden. Bei einem Vertriebs-Kick-off beispielsweise können Sie die Gäste aus den unterschiedlichen Vertriebsregionen oder Ländern diesen Zonen zuweisen. Das verschafft Ihnen eine gewisse Grundordnung.

Dekoration

Der nächste große Aspekt ist die Tisch- und Buffetdekoration. Auch hier sind althergebrachte Standards wie das runde Blumengesteck in der Tischmitte nicht das Maß aller Dinge. Werden Sie kreativ, fordern Sie den Caterer auf, sich individuelle Gedanken zu machen, nachdem Sie ihm das Motto und andere konzeptionelle Bestandteile der Veranstaltung nähergebracht haben. Blanke Chafing Dishes auf Buffettischen sind auch nicht gerade ein Augenschmaus, auch hier kann man mit verschiedenen Höhen, mit thematischer Dekoration, mit unterschiedlichen Materialien, mit Licht, mit Floristik und vielen großen oder kleinen Accessoires spielen.

Was als dekoratives und informatives Element bei einer Veranstaltung auf jeden Stehtisch und auf jeden Bankettisch gehört, ist eine individuell gestaltete Menükarte, in der der Gast alles über die Speisen- und die Getränkeauswahl erfährt.

Zu guter Letzt ist aus meiner Sicht auch das Service-Personal Teil des Dekorationskonzepts beim Catering. Gemeint ist hier vor allem die Kleidung. Ob in einfacher Bistrobekleidung, in speziellen Kostümen, ob mit Body-Painting oder auf Rollschuhen – auch hier sind der Phantasie keine Grenzen gesetzt!

Qualitätssicherung

Wenn Sie sicher sein wollen, dass auf dem Teller des Gastes eine einwandfreie Qualität ankommt, dann brauchen Sie zum einen das beschriebene Hintergrundwissen. Aber beim Essen ist es so wie mit den meisten Dingen, mit denen Sie als Event Manager zu tun haben: Sie müssen sie kontrollieren. Erste Kontrollinstanz ist das Probeessen. Hier können Sie sowohl die Qualität der Speisen und Getränke als auch deren Portionierung und Präsentationsform überprüfen. Verlangen Sie vom Caterer eine perfekte Vorbereitung und ein entsprechendes Engagement im Vorfeld, denn das verschafft Ihnen und den dazu eingeladenen Kunden Sicherheit. Sie sollten es sich während der Veranstaltung auch nicht nehmen lassen, in die Küche zu gehen und zu probieren. Sie können auch Gäste befragen, wie es schmeckt, ob das Essen heiß genug und das Bier kalt genug war!

Dekoration

Wie beschrieben ist Dekoration ein Bestandteil des Bühnenbaus (Bühnendekoration) und des Caterings (Buffet- und Tischdekoration). Darüber hinaus existieren viele weitere Einsatzbereiche für Dekorationslösungen.

Ich habe schon Veranstaltungen miterlebt, bei denen der Veranstaltungsort als solcher nicht mehr zu erkennen war. Aus Location-Mangel hatte meine Agentur einmal zur CeBIT in Hannover für ein Großkunden-Event eine Indoor-Kartbahn gemietet, komplett ausgeräumt und zu einem Zirkuszelt umfunktioniert – passend zum Motto und dem Veranstaltungskonzept. Niemand der Gäste konnte mehr erahnen, wofür die Halle zwei Tage später wieder genutzt wurde. Dekoration schmückt also nicht nur, sondern sie verwandelt auch, schafft perfekte Illusionen und kreiert Scheinwelten.

Selbstverständlich gibt es in der Event-Branche hochspezialisierte Kleinunternehmen, deren Kerngeschäft das Design und die bauliche Umsetzung von aufwendigen Dekorationsbauten ist. Diese erfolgt durch Messebauer, Schreiner, Floristen, Gärtnereien, Requisiten-Verleiher und sonstige Teilgewerke, die vom kreativen Auftragnehmer der Dekoration unterbeauftragt und am Set beaufsichtigt werden.

Der Dekorationsaufwand ist besonders an das Veranstaltungskonzept gekoppelt: Wer zum Beispiel eine Beachparty in einer Halle will, muss tonnenweise Sand,

Strandkörbe, Buden, Palmen und sonstige Dinge heranschaffen beziehungsweise bauen lassen, damit die angestrebte Erlebniswelt realistisch, hochwertig und glaubhaft wird. Wer Strand will, muss Strand bauen, und dabei muss die Dimension der Erlebniswelt zur Gesamtdimension der Halle passen: Ein kleines Sandhäufchen und ein Strandkorb neben der Cocktailbar in der Ecke der Halle schaffen noch nicht die Illusion einer Strandparty.

Die Budgetierung einer adäquaten Dekoration ist oftmals schwer zu schätzen, aber dafür gibt es wie erwähnt Spezialunternehmen, die in der Lage sind, auf Basis eines Konzepts und einer Ortsbesichtigung eine Schätzung abzugeben. Ein Dekorationsetat von 10 bis 15 Prozent des Gesamtbudgets ist auf jeden Fall ein realistischer Durchschnittswert, den Sie im Falle einer Mitarbeitertagung leicht unterschreiten, für eine Kunden-Beach-Party leicht überschreiten werden.

Ausstattung und Mobiliar

Alles, was nicht Technik und nicht Dekoration ist, zählt zur Ausstattung. Hauptsächlich sind folgende Positionen zu beachten:

- **Bodenbeläge:** Ob Tanzboden oder Teppichboden, nicht immer funktioniert der Original-Hallenboden. Beim Teppichboden müssen Sie für Transport, Verlegen und Entsorgen acht bis zehn Euro pro Quadratmeter kalkulieren, wenn es nicht die einfachste Ware sein soll. Bei der Auswahl der Location kann es also durchaus ein Kriterium sein, ob der Hallenboden bleiben kann, wie er ist.

  Wenn getanzt werden soll, geht das faktisch nicht auf Teppichboden. Hier sollten Sie unbedingt eine Tanzfläche mit Holz-Tanzboden einplanen, der modular wie Teppichfliesen in jeder Größe und Form verlegt werden kann.

- **Gäste-Infrastruktur:** Gäste bringen in der Regel Garderobe mit, die an einem bewachten Ort aufbewahrt werden muss, und für die Sie entsprechendes Material wie Garderobenständer, Bügel oder Haken sowie Garderobenmarken benötigen. Was gerne vergessen wird, ist der Platz für Koffer und Taschen, die gerne von Tagungsgästen am letzten Tag abgegebenen werden, nachdem sie am Morgen aus dem Hotel ausgecheckt haben.

  Leider hat man nicht immer dort Toiletten, wo man sie braucht. Toiletten-Container werden in jeder nur denkbaren Qualität angeboten – bis hin zum

Marmorbad mit goldenen Wasserhähnen. Es gibt also wahrlich überhaupt keinen Grund dafür, auf Dixi-Klos zurückzugreifen – es sei denn, Sie planen ein Public Event wie zum Beispiel ein Rock-Festival. Was immer gut ankommt, sind an den Waschtischen ausliegende Badezimmer- und Hygieneartikel für die Gäste. Ein einfaches Parfum, ein Deodorant, Wattepads, Mundwasser, Pflaster etc. helfen dem einen oder anderen Gast in seiner Not.

- **Sonderbauten:** Künstler brauchen Kabinen zum Lagern von Kostümen und Requisiten, zum Umziehen, Stylen, Schminken, Duschen und Warten. Künstlerkabinen müssen entsprechend den Vorgaben der Künstler mit Strom, Spiegeln, Tischen, Stühlen, sonstigen Geräten und Möbeln sowie mit Catering ausgestattet werden. Wer hier die Künstleranweisungen nicht im Detail befolgt, hat vor Ort leider oft das Nachsehen. Falls der Veranstaltungsort keine Künstlerkabinen zur Verfügung stellen kann, kann mit Messestellwänden leicht eine entsprechende Infrastruktur mit Beleuchtung und abschließbaren Türen konstruiert werden.

  Das Gleiche gilt für Küchenbereiche. Sofern der Veranstaltungsort keine Küchenbereiche vorsieht, können auch hier mit Messestellwänden Bereiche abgetrennt werden, um nicht in die Küche einsehen zu können und um Aufgabenbereiche wie Küche und Rücklauf auch aus Gründen der Sauberkeit und Übersichtlichkeit klar voneinander zu trennen.

- **Beschilderungen:** Die Ausschilderung des Veranstaltungsorts auf der Straße und entlang der Fußwege, die Kennzeichnung der Shuttle-Busse sowie das große Banner oberhalb der Eingangstüren sind wichtige Elemente der Ausstattung. Mit ihnen kommen die Gäste in Berührung, noch bevor die Veranstaltung begonnen hat. Sie wissen: Man hat nur eine Chance für den ersten Eindruck! Schade, wenn die Gäste nur deshalb schlecht gelaunt den Veranstaltungsort erreichen, weil sie weder die Halle noch den Parkplatz gefunden haben. Zusätzlich darf natürlich die gedruckte Wegbeschreibung auf der Einladungs- oder der Eintrittskarte oder anderen Medien nicht fehlen!

- **Möbel:** Ein wichtiges Thema, denn hier sind Sie wieder direkt am Gast. Tische, Stühle, Stehtische, Barhocker, Lounge-Möbel etc. – die Möglichkeiten für Mobiliar sind so vielfältig wie ein IKEA-Katalog. Was ist zu beachten? Vor allem der Preis. Denn der variiert erheblich. Sie können für einen einfachen Z-Barhocker neun Euro bezahlen, für einen Design-Barhocker schnell 50 Euro pro Stück pro Tag. Dieser Unterschied summiert sich schnell auf fünfstellige Beträge, wenn Sie eine Großveranstaltung mit mehreren hundert oder tausend Gästen durchführen. Ähnlich verhält es sich mit allen anderen Möbelstücken auch. Der einfachste Samsonite-Plenumsstuhl aus Kunststoff kostet einen Bruchteil von einem gepolsterten Chromstuhl mit Armlehnen. Mit echtem Leder bezogene Loungemöbel sind preislich nicht mit kunstlederbezogenen Möbeln zu vergleichen. Am Ende ist alles immer eine Frage des Budgets, allerdings müssen Sie sich auch fragen, welchen visuellen Gesamteindruck und welches haptische Erlebnis sie erreichen wollen. Wer am Tagungsstuhl zu sehr spart und auf die gepolsterte Sitzfläche verzichtet, der muss sich nicht über klagende Gäste wundern, die nach einer Stunde die nächste Pause herbeisehnen ...

Bei den Angeboten der Möbelverleiher lohnt sich vor allem eins: Vergleichen. Die Kosten variieren erheblich je nach Menge und Logistikkosten, der Transport der Ware ist ein erheblicher Kostenfaktor. Achten Sie darauf, dass die Möbel geputzt und aufgebaut übergeben werden. Besonders das Aufbauen ist separat zu beauftragen und keine Selbstverständlichkeit. Ist diese Leistung nicht Angebotsbestandteil, bringt der Lieferant dafür auch kein Personal mit und wird Ihnen die Möbel auf Paletten vor der Halle abladen! Damit das Aufbauen reibungslos und fehlerlos erfolgen kann, müssen Sie einen verbindlichen und maßstabsgetreuen Bestuhlungsplan zuliefern. Den erstellt normalerweise Ihr Technikpartner oder der eventbegleitende Innenarchitekt.

Und noch ein Tipp: Zählen Sie nach! Wenn am Ende nur 450 statt der eingezeichneten und bestellten 500 Stühle aufgestellt wurden, dann führt das logischerweise zu ungewolltem Stehpublikum!

Künstler

Der Einsatz von Künstlern wertet bei guter Qualität der Darbietung jede Veranstaltung auf. Künstler werden in aller Regel orientiert am Veranstaltungskonzept ausgewählt, manchmal dienen sie mit Kleinkunst aber auch einfach nur als unterhaltsame Randerscheinung.

Folgende Arten von Künstlern oder Programmen sind zu unterscheiden:

- **Kleinkünstler**

  Hierzu zählen beispielsweise Tischzauberer, die das Dinner auflockern, oder als Polizisten getarnte Schauspieler, die ihre Scherze mit den Gästen beim Einlass machen.

- **Einzelne Bühnen-Acts**

  Dies sind gebuchte Einzelkünstler, Paare oder Gruppen, die eine bestimmte Kunst auf der Bühne performen: Tänzer, Zauberer, Akrobaten, Kontorsionisten, Musik-Virtuosen, Jongleure etc. Die Künstler schöpfen aus dem eigenen Repertoire und präsentieren eines ihrer Standardprogramme. Sehr günstige Acts beginnen bei einem Auftrittspreis von ca. 1.000 Euro.

- **Individuelle Inszenierung**

  Bei der individuellen Inszenierung wird für die Veranstaltung eine neue Show oder eine neue Performance entwickelt. Hier kann nicht auf Standardrepertoire zurückgegriffen werden, weil die Art der Darbietung auf ein bestimmtes Motto oder einen bestimmte Programmpunkt der Veranstaltung zugeschnitten ist. Individuelle Inszenierungen enthüllen oder präsentieren zum Beispiel Produkte auf der Bühne oder interpretieren mit Gesang, Tanz und Akrobatik ein bestimmtes Motto.

  Entwickelt werden solche künstlerischen Inszenierungen von Choreographen, die selbst oft freischaffend sind. Für Sie als Auftraggeber ist es wichtig, den künstlerischen Prozess zu begleiten und gegebenenfalls die Künstler beim Casting mit auszuwählen. Sie können auch an Proben teilnehmen, um sicherzustellen, dass Länge und Art der Performance oder die inhaltliche Interpretation des Themas Ihren Vorgaben und Vorstellungen entsprechen. Die Konzeption und die Umsetzung solcher Inszenierungen erfordern viel Vorarbeit, denn die einzelnen Künstler müssen im Casting ausgewählt werden, es muss geprobt werden, Musik und Kostüme müssen produziert werden. Das müssen Sie als Auftraggeber am Ende natürlich alles finanzieren. Hinzu kommen auch die nicht unbeträchtlichen Reisekosten des Teams. Damit zehn Tänzer und Sänger auf der Bühne stehen können, haben Sie schnell ein Team von 15 Personen vor Ort, denn der Choreograph, der Toningenieur, der Stylist, der Maskenbildner und der Stage-Manager gehören auch zur Crew.

- **Live Bands**

  Musikrichtungen gibt es viele, und so ist auch die Auswahl an Live-Bands sehr groß. Viele Bands haben sich auf Auftritte bei Firmenveranstaltungen spezialisiert und ihr Programm entsprechend breitentauglich angelegt. Einige Band liefern Ihnen auf Wunsch spezielle Showblöcke, wie zum Beispiel Auszüge aus der „Rocky Horror Picture Show“. Sie können zwischen der kleinen Zwei-Mann-Combo bis hin zur Big Band mit 20 bis 30 Musikern, Tänzern, Sängern und Sängerinnen auf der Bühne wählen – je nach Anspruch, Programmwunsch und Bühnengröße.

- **Prominente Künstler**

  Auch Elton John und Co. lassen sich für Veranstaltungen buchen. Mitunter gelingt einem sogar ein guter „Deal“, wenn die Künstler gerade auf Tour sind und nahe an Ihrem Veranstaltungsort einen Tag zuvor oder danach ein Konzert geben. Wenn Sie so etwas sehr frühzeitig planen und entsprechende Anfragen bei Künstlern stellen, die passen würden, so lässt sich mitunter viel Geld sparen. Das wiederum macht solche Acts für Veranstalter oft erst möglich, denn die Gagen sind saftig: Die internationalen Acts, die nicht mehr ganz so „angesagt“ sind, starten preislich bei ca. 50.000 Euro. Wenn Sie „Pink“ wollen – und sie sich überhaupt für Ihr Event buchen ließe – dann würde die Höhe der Gage um ein Vielfaches höher ausfallen. Bühne, Bühnentechnik, Band, viele Extras und Reisekosten on Top!

Wichtig bei jedem Künstler-Engagement: Schließen Sie einen Vertrag ab. Es gibt viele Details zu regeln, und Sie müssen sich Sicherheit bei einigen zentrale Themen verschaffen. Die Künstler verfügen normalerweise über einen eigenen Standardvertrag, der auf Ihre Veranstaltung hin individuell angepasst und Ihnen zugesandt wird. Lassen Sie diesen Vertrag in jedem Fall durch Ihre Rechtsabteilung oder einen externen Anwalt prüfen, damit Ihre Interessen gewahrt bleiben und wichtige Aspekte nicht außen vor bleiben.

Die wichtigsten Bestandteile eines Künstlervertrags sind:

- Vertragspartner (Künstler und Veranstalter)
- Vertragsgegenstand (Art der Performance / Aufführung, Besetzung)

- Auftrittsort, Dauer, Auftrittszeit, Probezeiten (z. B. für Sound Check), Ankunftszeit am Veranstaltungsort
- Gage und Nebenkosten, Urheberrecht, Ausländersteuer, Künstlersozialkasse
- Regelung bei Nichterfüllung durch den Künstler (Vertragsstrafe oder Anspruch auf gleichwertigen Ersatz)
- Regelung bei Nichterfüllung durch den Veranstalter (Vertragsstrafe oder Ausfallhonorar)
- Kündigung und Rücktrittsrecht
- Technische Details, Bühnenanweisungen, Rider, Vereinbarungen über Catering, Garderoben, sonstige Leistungen für den Künstler

Man kann zwar vieles in einem Vertrag regeln, aber leider ersetzt ein Dokument kein Vertrauen. Was nützt Ihnen der Anspruch auf einen Ersatzkünstler, wenn die prominente Person, die Sie gebucht haben, nicht auf der Bühne steht?

Wichtig sind exakte Absprachen über die Werbung mit dem Künstler. Das wird durch das Künstler-Management bei bekannten Künstlern oft ausgeschlossen, genauso wie ein Audio- oder Videomitschnitt des Konzerts. Das ist oft nicht im Sinne der Unternehmen, die gerne für die eigene Dokumentation oder einen Event-Zusammenschnitt, der im Nachgang als schönes Erinnerungsstück an die Gäste geschickt wird, aufzeichnen wollen. Hier ist Ihr Verhandlungsgeschick gefragt. Bieten Sie dem Künstler eine kostenlose Kopie des produzierten Materials an, manchmal können Sie einen Kompromiss erreichen.

Bedenken Sie außerdem, dass für Künstler in Deutschland ein Pauschalbetrag von aktuell 4,1 Prozent der Gage an die Künstlersozialkasse gezahlt werden muss (Stand 2013). Darüber hinaus wird für Künstler aus dem Ausland zum Teil eine Ausländersteuer gefordert, auch kann die Vorlage einer Arbeitserlaubnis ein Thema werden.

Das motivierende Fazit

Dieses sehr ausführliche Kapitel hat Ihnen die Vielfältigkeit der einzelnen Gewerke aufgezeigt, die Teil Ihrer Veranstaltung sind. Und natürlich kann ich in diesem Buch nicht den Anspruch auf Vollständigkeit verfolgen, denn jedes Einzelgewerk könnte im Detail betrachtet ein ganzes Buch füllen. Immerhin handelt es sich hierbei um ganz unterschiedliche Berufsbilder – insbesondere in den Bereichen Catering, Technik und Künstler.

Diese Vielfalt macht aber nach meiner Ansicht auch den Reiz der Arbeit eines Event Managers aus, und wie ich eingangs dargestellt habe, zählen Wissen und Erfahrung bei der erfolgreichen Planung und Umsetzung einer Veranstaltung mehr als alles andere.

In dem einen oder anderen Feld werden Sie vielleicht eine brauchbare Vorbildung mitbringen. Vielleicht haben Sie selbst schon einmal im Service eines Restaurants oder einer Bar gearbeitet und können ein solches Gewerk mit anderen Augen sehen. Hier sind Sie mit einem gestandenen Service-Chef schneller auf Augenhöhe, und es fällt Ihnen leichter, einen Gesamtüberblick zu behalten und die Arbeit der Mannschaft in diesem Feld qualitativ zu beurteilen.

Grundsätzlich gilt: Seien und bleiben Sie neugierig, dann lernen Sie schnell das Grundhandwerkszeug. Und fragen Sie immer dann an kompetenter Stelle nach, wenn Sie etwas nicht verstehen. Haben Sie den Mut, Fragen zu stellen, zu löchern. Sie werden erstaunt sein, wie gut Ihr Interesse an der Arbeit anderer ankommt!

Irrtum 9: „Wir haben an alles gedacht!“

Die Frage, die Sie sich am meisten bei der Vorbereitung einer Veranstaltung stellen werden, lautet: „Haben wir an alles gedacht?“

Sie werden diese Frage niemals mit Fug und Recht mit „Ja!“ beantworten können. Ich selbst habe in knapp 20 Jahren Event Management keine einzige Veranstaltung erlebt, nach der ich hätte behaupten können: Mein Team und ich hatten an alles gedacht!

Das ist aber gar nicht weiter tragisch. Vielmehr gehört es dazu, dass im Laufe der Arbeit vor Ort, wenn aufgebaut wird und die einzelnen Gewerke eintreffen, um ihre Umsetzungsarbeit aufzunehmen, Dinge zu Tage treten, die noch erledigt oder organisiert werden müssen. Wenn Sie eine gute Vorarbeit geleistet haben, dann sind es viele Kleinigkeiten, Fleißarbeiten, die übrigbleiben, die niemanden aus der Ruhe bringen müssen. Wenn Sie allerdings vergessen haben dem Caterer zu melden, dass nun doch 800 anstatt der angekündigten 500 Gäste kommen und Ihnen das erst am Vorabend der Veranstaltung auffällt, dann ist die Situation vielleicht noch zu retten, aber der Weg zur Lösung wird viele Personen aus der Ruhe und um den Schlaf bringen.

Ganz gleich, was passiert – und ich weiß, das ist leichter gesagt als getan – behalten Sie Ruhe! Fehler passieren Ihnen und Fehler passieren anderen Personen aus Ihrem Team, Ihrer Agentur, Ihrem Kunden oder Ihren Kollegen. In solchen Momenten müssen Sie Führungsstärke beweisen und Ruhe ausstrahlen, um Sicherheit zu vermitteln. Auch wenn Sie nicht unbedingt daran glauben, die Lage im Griff zu haben, versuchen Sie trotzdem, es den Involvierten zu vermitteln. Ein Event Manager, der fluchend durch die Halle stapft, der cholerische Anfälle bekommt oder sich resigniert in die hintere Ecke des Produktionsbüros verkriecht, kann nichts zur Lösung beitragen. Aber die wird in diesen Fällen dringend gebraucht. Wenn sich Personen aus dem Team dennoch so verhalten, fordern Sie sie unmissverständlich auf, sich zu beherrschen, und fragen Sie sie ruhig, ob sie lieber Teil der Problems oder lieber Teil der Lösung sein wollen!

In solchen Lagen müssen Sie sehr kommunikativ sein. Wenn einmal etwas Wichtiges nicht funktioniert, wie es soll, wenn etwas vergessen wurde oder andere unerwartete Probleme auftauchen, die folgenschwer sein können, wenn sie nicht unmittelbar gelöst werden, dann rufen Sie so schnell es geht alle Beteiligten und optional die wichtigen Meinungs- oder Wissensträger zu einer Lagebesprechung zusammen.

Ich selbst halte bei sehr komplexen Veranstaltungen während der Aufbauarbeiten und der Probenphase zweimal pro Tag mit den Vertretern aller Gewerke eine Regiebesprechung vor Ort ab, um aufkeimende Probleme, Versäumnisse, Missverständnisse etc. nach Möglichkeit schon sehr früh zu erkennen. Denn der Feind des Event Managers ist meistens nicht das Problem selbst, sondern die Zeit, die bleibt, um es an Ort und Stelle zu lösen. Sie müssen also alles dafür tun, um Zeit zu gewinnen. Das gelingt Ihnen nur, wenn Sie für ein funktionierendes Frühwarnsystem sorgen. Und das ist in erster Linie Kommunikation! Der permanente Austausch mit allen Gewerken über den Arbeitsfortschritt und das Ausräumen von Unklarheiten sorgt dafür, dass Sie frühzeitig erkennen können, an welcher Stelle sich warum Probleme bilden. Darüber hinaus müssen Sie schlichtweg die Arbeit anderer kontrollieren. Erkundigen Sie sich bei den Baustellenverantwortlichen nach deren Zeitplanung, machen Sie feste Uhrzeiten ab, um auf ein Zwischenergebnis oder auf Endergebnisse zu schauen. Damit stellen Sie sicher, dass Dinge wie geplant umgesetzt werden oder Sie frühzeitig ins Boot geholt werden, wenn von der Ursprungsplanung abgewichen werden muss. Auch das ist oft genug der Fall, denn was auf dem Papier geplant wurde, lässt sich längst nicht immer eins zu eins in der Halle umsetzen. Der Grund dafür ist oft banal: Regelmäßig erlebe ich zum Beispiel, dass die CAD-Pläne der Veranstaltungsorte nicht mit der Realität übereinstimmen. Das kann zum Beispiel dazu führen, dass geplante Bauhöhen nicht erreicht werden und man vor Ort neu planen und umkonstruieren muss.

Kommt erst einmal ein schwerwiegendes Problem auf, müssen sofort die Ursache identifiziert und Lösungsansätze diskutiert werden. Vermeiden Sie unbedingt, jetzt nach den Schuldigen zu suchen, sondern verteilen Sie Aufgaben. Aufzuarbeiten, wie es zu diesem Problem kommen konnte, ist selbstverständlich wichtig, muss aber ein Bestandteil der Nachbesprechung mit den betreffenden Personen sein – vor allem, um daraus die richtigen Schlüsse für die Zukunft zu ziehen.

Viele Schwierigkeiten in der „heißen Phase", also eine bis zwei Wochen vor der Veranstaltung, sind fest einkalkuliert und auch nicht weiter ungewöhnlich oder dramatisch. Aber es gibt auch die „dicken“ Probleme, deren Lösung längst nicht trivial ist.

Ich habe zum Beispiel einmal folgendes Problem gehabt: Für einen großen Medizinerkongress hatten wir in eine Messehalle einen Raum mit aufwendiger Traversen- und Vorhangkonstruktion geplant. Dieser Raum diente als Plenum und fasste 4.500 Stühle. Kurz vor dem Start des Aufbaus erhielten wir eine Genehmigung für die Umsetzung, der ein langwieriges Bauprüfverfahren vorausgegangen war. Während der Bauphase fiel irgendwann aber auf, dass das in der Planung verwendetet Stuhlmaß nicht mit dem tatsächlich bestellten Stuhlmodell identisch war. Das hatte zur Folge, dass der Platz nicht für das Stellen aller 4.500 Stühle ausreichte. Nicht zu verantworten war, die geforderten Fluchtwegsbreiten zu unterschreiten, um dadurch mehr Bestuhlungsfläche zu generieren. Allerdings war es jetzt auch zu spät für die Bestellung und Anlieferung schmalerer Stühle oder für einen Umbau der Raumkonstruktion. Am Ende haben wir durch Besonnenheit und Transparenz die richtigen Kompromisse mit den Entscheidern auf der Hallenseite finden können, und es gelang uns eine neue, offiziell genehmigte Variante, die doch das Stellen aller Stühle ermöglichte.

Der Ursprung dieses Problems war natürlich schnell identifiziert: Der Architekt hatte in der CAD-Planungssoftware das falsche Stuhlmaß hinterlegt. Natürlich hatte ich mich als Projektleiter nicht neben den Architekten gesetzt und persönlich sein Stuhlmaß überprüft. Das hatte niemand getan. Und so passieren leider immer wieder folgenschwere Fehler, die – wie in meinem Fall – oft zu retten sind, manchmal aber eben leider nicht. Dennoch: Irgendeine Lösung oder ein Kompromiss muss immer her, schließlich kann man die Veranstaltung nicht verschieben! Hier müssen Sie den Mut haben, dem Problem ins Auge zu schauen und an den Stellen für Transparenz zu sorgen, wo sie angebracht ist. Das kann beim Vorgesetzten oder beim Kunden sein, den man in sehr kritischen Fällen in die Entscheidungsfindung einbinden muss. Daraus ergeben sich nachvollziehbarerweise oftmals sehr unangenehme Situationen, die bei verantwortlichen Personen Nervosität oder großes Unbehagen verursachen. Hier sind Sie als Event Manager gefragt, jetzt müssen Sie den involvierten Personen überzeugend klarmachen, dass die Lösung des Problems möglich ist. Wie weit Sie sich dabei aus dem Fenster lehnen, bleibt Ihre spontane Entscheidung. Aber Sie werden Sie treffen müssen!

Ich wünsche niemandem solch brenzlige Situationen, in denen man nicht immer sicher sein kann, dass alles ein gutes Ende nimmt. Sie können mit Ihrem Team immer vorsorgen und versuchen, alles richtig zu machen, alles akribisch zu planen und vorzubereiten, aber der Faktor Mensch ist nicht zu umgehen. Das Beispiel meiner Veranstaltung zeigt: Vieles liegt in Ihrer Hand, vieles nicht!

Umso wichtiger ist, dass Sie im Vorfeld tatsächlich an all die „kleinen" Dinge denken, an die man mit Erfahrung und Wissen automatisch denkt. Auf den folgenden Seiten habe ich deshalb viele Themen zusammengetragen, an die man als unerfahrener Event Manager gegebenenfalls nicht automatisch denkt. Das bewahrt Sie vor Versäumnissen und verschafft Ihnen am Ende mehr Zeit und Flexibilität für das Lösen der großen Probleme. Denn die sind in aller Regel nicht vorherzusehen.

Medienversorgung

Mit Medienversorgung ist die Bereitstellung von Strom, Wasser und anderen Medien wie TV oder Internet gemeint.

Der aufwendigste Punkt ist sicherlich die Stromversorgung. Es geht hierbei nicht nur darum, ob überhaupt Strom an den Stellen ist, wo man ihn braucht, sondern es geht bei der Praxis vor allem darum, ob die Leitungen und Kreise die geforderte Leistung sicherstellen. Die geforderte Leistung kann jedes Gewerk ermitteln, was ich bei großen Veranstaltungen unbedingt empfehle. Zum einen können Sie einer Überlastung des Haus-Stromnetzes vorbeugen, was sonst zu Stromausfällen führen kann. Zum anderen können Sie mit einer konkreten Leistungsplanung dem Veranstaltungsort oder dem Elektroinstallateur genaue Vorgaben für die Unterverteilung machen. Lassen Sie also einen Stromplan von den Gewerken aufbauen. Der besteht aus dem Grundriss der Halle, in den die Gewerke Ihre Anforderung an der Stelle einzeichnen, an der Sie den veranschlagten Strom brauchen (zum Beispiel 2 x Schuko, 1 x CEE 16 A etc.). In gut ausgestatteten Veranstaltungshallen ist die Bereitstellung der geforderten Gesamtleistung kein Problem. Bei der Planung von Veranstaltungen mit großem Outdoor-Bereich – zum Beispiel beim Tag der offenen Tür – ist längst nicht überall der Strom verfügbar, der für Catering, Bühne oder sonstige Technik benötigt wird. Dann muss eine aufwendige Verteilung mit Verteilerkästen realisiert werden, zusätzlich dazu eine Unterverteilung.

Hier kommen schnell kilometerlange Kabelstrecken und ein großer Personaleinsatz für die Installation zusammen, was kalkulatorisch schnell zu hohen Kosten führt.

Neben der immer anfallenden Stromversorgung sind Internetanschlüsse zwar nicht standardmäßig zu organisieren. Wenn aber ein Netzwerk oder Internetzugang an Stellen gefordert wird, an denen bauseitig keiner vorhanden ist, so müssen solche Anschlussarbeiten beim zuständigen Telekommunikationsbetreiber bestellt werden. Dabei ist nicht der Kostenaufwand das Problem, sondern die langen Vorlaufzeiten von bis zu vier Wochen. Es lohnt also, sehr früh darüber nachzudenken, ob einer oder mehrere Anschlüsse gebraucht werden, und wenn ja mit welcher Bandbreite. Das wiederum muss sich am Verwendungszweck orientieren. Planen Sie zum Beispiel die Integration einer Video-Live-Schaltung via Videokonferenztechnik, so sind entsprechend hohe Bandbreiten erforderlich, um eine gute Übertragungsqualität zu erreichen.

ENTSORGUNG

Bei jeder Veranstaltung entstehen Abfälle. Sowohl in der Aufbauphase als auch während der Veranstaltung und danach. In der Aufbauphase fallen zum Beispiel beim Messebauer viele Verpackungsmaterialien an, während der Veranstaltung entstehen Abfälle beim Caterer, nach der Veranstaltung hat nahezu jedes Gewerk Dinge zu entsorgen. Auch Gäste produzieren Abfälle. Ein funktionierendes Abfall- und Entsorgungssystem zum Beispiel bei einem Familientag mit 20.000 Besuchern zu installieren, ist keine Kleinigkeit. Dass diese Herausforderung in den meisten Fällen nicht erfolgreich bewältigt wird, sieht man an den oft überquellenden Mülltonnen und Müllbergen während großer Public-Events. Zu einem funktionierenden System gehören das Aufstellen und Betreuen ausreichend großer und vieler Mülltonnen oder Müllcontainer, das systematische Entleeren auch während der Veranstaltung und der permanente Abtransport des Mülls mit entsprechenden Fahrzeugen.

BESCHILDERUNGEN

Gäste müssen sich gut zurechtfinden. Eine durchdachte Beschilderung fängt mit einem Lageplan oder einer Wegbeschreibung in der Einladungs- oder Eintrittskarte an. Vor Ort müssen Parkplätze, Eingänge, Notausgänge, Garderoben und Toiletten gut sichtbar ausgeschildert werden. Hinzu kommen bei Vortragsveranstaltungen wie Kongressen oder Symposien gegebenenfalls Aufsteller mit Programmabläufen und sonstigen Hinweisen.

Gut organisierte Veranstaltungsorte wie Messen verfügen über eine gute Grundbeschilderung. Für ein Corporate Event versieht man die Beschilderung allerdings darüber hinaus oft mit dem extra entwickelten Veranstaltungsdesign, um auch einen entsprechenden Wiedererkennungswert zu erreichen. Auch der unterstützt die schnelle und sichere Orientierung.

Gebühren und Beiträge

Vergessen Sie nicht, Veranstaltungen mit musikalischen Darbietungen – ganz egal ob live oder vom Band – bei der GEMA anzumelden. Die GEMA ist die Gesellschaft für musikalische Aufführungs- und mechanische Vervielfältigungsrechte, Kontrollorgan für die öffentliche Nutzung von Musik. Zwecke dieser Gesellschaft sind der Schutz der Urheberrechte und der Einzug bzw. die Verteilung der Einnahmen (www.gema.de). Die Höhe der Gebühren richtet sich bei der GEMA nach Teilnehmerzahlen, daran, ob Eintrittspreise erhoben werden, sowie an der Größe der Veranstaltungsfläche.

Arbeiten Sie mit Künstlern – ganz gleich, welcher Art – vor oder während der Veranstaltung zusammen, fallen außerdem Beiträge für die Künstlersozialkasse an. Mit ihr sind selbständige Künstler in den Schutz der gesetzlichen Sozialversicherung eingebunden. Die Künstler selbst müssen nur die Hälfte ihrer Beiträge an die KSK entrichten, die andere Beitragshälfte wird unternehmensseitig finanziert. Ob die Beiträge der Künstlersozialkasse im Einzelfall fällig werden oder nicht, richtet sich nicht nach der Mitgliedschaft der Künstler in der KSK, sondern lediglich nach der Einordung des Künstlers zur Gattung der Künstler oder Publizisten. Sie müssen also auch dann einen KSK-Beitrag abführen, wenn der Künstler kein KSK-Mitglied ist. Der aktuelle KSK-Satz beläuft sich (Stand 2013) auf 4,1 Prozent der Gage. Um sicherzugehen, dass Sie alles ordnungsgemäß abführen, empfiehlt sich eine Rücksprache mit Ihrem Steuerberater oder in großen Unternehmen mit dem Einkauf.

Anträge und Genehmigungen

Veranstaltungen erfordern oftmals Genehmigungen für Teilgewerke, damit zum Beispiel Alkohol ausgeschenkt werden darf, oftmals ist aber auch die Veranstaltung selbst genehmigungspflichtig. Deutschland ist ein sehr gut organisiertes Land, was an vielen Stellen von Vorteil ist, denn man findet selten – auch im Bereich der Veranstaltungspraxis – Dinge, die nicht irgendwo eindeutig geregelt sind. Der Nachteil: Man kann schnell den Überblick verlieren und muss entsprechend gut informiert sein, um alle notwendigen Schritte rechtzeitig und formal den Vorgaben entsprechend einzuleiten. Alleine das Rechtshandbuch der Veranstaltungspraxis (Waetke 2012) definiert folgende potentielle Genehmigungen, Pflichten und Vorschriften, die Sie für Ihre Veranstaltung beherzigen müssen (nachfolgend alphabetisch sortiert):

- Arbeitszeit an Sonn- und Feiertagen
- Baugenehmigung
- Fahrverbote
- Feuerwerk
- Fliegende Bauten
- Gesundheitsbelehrung
- Gewerbeerlaubnis
- Gewinnspiel
- Ladenschluss
- Lärm
- Lotterie
- Luftballons steigen lassen
- Markt-Festsetzung
- Musikwiedergabe
- Nutzungsänderungsgenehmigung
- Reisegewerbekarte

- Schankerlaubnis
- Sondernutzungsgenehmigung
- Sperrzeiten
- Sportveranstaltungen
- Tiere
- Tombola
- Überfahrrechte
- Veranstaltungen auf öffentlichen Verkehrsflächen
- Versammlung
- Verwendung von Fotos / Bildern
- Volksfest

Die meisten Vorschriften für die Ausrichtung von Veranstaltungen werden vom Staat, den Ländern oder Kommunen aufgestellt, um die Sicherheit von Veranstaltungsgästen zu maximieren. Auch aus diesem Grund verfügen die Deutschen Bundesländer über Versammlungsstättenverordnungen (VStättV), die sich auf den Bau und den Betrieb von Versammlungsstätten beziehen. Die von der deutschen Bauministerkonferenz (ARGEBAU) erstellte Muster-Versammlungsstättenverordnung dient dabei als Grundlage einer bundesweiten Vereinheitlichung dieser Länderregelungen, ist aber rechtlich weder für den Bürger noch für die Landesregierungen verbindlich. Sie regelt unter anderem folgende Vorschriften:

- Bauvorschriften
- Beschaffenheit von Bauteilen und Baustoffen
- Rettungswege
- Besucherplätze
- Technische Anlagen und Einrichtungen
- Brandverhütung
- Verantwortliche Personen

Viele der aufgeführten Genehmigungen müssen Sie als Veranstalter oder Event Manager auf Agenturseite nicht selbst einholen. Viele administrative Vorgänge, die mit Genehmigungsverfahren einhergehen, werden von den einzelnen Gewerken selbst nach der Auftragsvergabe eingeleitet. Ein Caterer zum Beispiel wird immer selbst für die notwendige Ausschankgenehmigung sorgen. Sie brauchen der Vollständigkeit halber nur nachzuhalten, ob sie tatsächlich zur Veranstaltung vorliegt.

Anders verhält es sich zum Beispiel bei der Nutzungsänderungsgenehmigung. Diese Genehmigung ist sehr oft erforderlich, was bei vielen Veranstaltern, also bei vielen Unternehmen, nicht bekannt ist. Der Antrag auf Nutzungsänderung muss vom Veranstalter dann gestellt werden, wenn der Veranstaltungsraum, den er vorsieht, keine generelle Zulassung für die Ausrichtung der Veranstaltung hat, der Raum also laut Behörde gar keine Versammlungsstätte ist. Das ist zum Beispiel der Fall, wenn große, zum Teil leere Produktionshallen zum Veranstaltungsort werden. Oft werden neue Hallen oder Produktionseinrichtungen im Rahmen eines Festakts eingeweiht oder man nutzt den Platz für eine Betriebsversammlung und spart dadurch externe Hallenmieten. Eine Produktionshalle von 1.000 Quadratmetern Fläche besitzt aber nur eine Sicherheitsinfrastruktur und eine Genehmigung für etwa 100 Personen, die sich hier gleichzeitig aufhalten dürfen. Das ist aus Sicht des Produktionsbetriebs vollkommen ausreichend. Wenn Sie jetzt eine Veranstaltung mit 500 Gästen in dieser Halle planen, müssen Sie die Veranstaltung beim örtlichen Bauamt mit Hilfe des Antrags auf Nutzungsänderung genehmigen lassen. Dazu müssen Sie einen Grundriss mit der eingezeichneten Veranstaltungssituation einreichen und eine ausführliche Veranstaltungsbeschreibung hinzufügen. Die Behörde prüft die Planung dann insbesondere im Hinblick auf die Fluchtwegsituation nach den gängigen Maßstäben der Versammlungsstättenverordnung.

Im Genehmigungsverfahren wird zusätzlich immer die Feuerwehr aufgefordert, die Planung zu bewerten, den die größte Gefahr ist immer der Brandfall. Um die Sicherheit im Brandfall zu erhöhen, müssen vor allem die Fluchtwege funktionieren. Deshalb verhängt die Feuerwehr in solchen Fällen oftmals Auflagen wie zusätzliche Brandwachen (löschbereite Einsatzfahrzeuge der Feuerwehr vor Ort) oder die besondere bauliche Absicherung der Fluchtwege durch Zäune und die Verwendung von nicht brennbaren Materialien.

Mit dem Entgegennehmen der Auflagen ist es aber für Sie nicht getan. Sie stehen nun in der Pflicht, diese Auflagen den betreffenden Gewerken am besten nachweislich schriftlich mitzuteilen. Fertigen Sie Sicherheitsprotokolle an, die Sie von allen Gewerken unterschreiben lassen. Im Schadensfall könnte man Ihnen sonst Fahrlässigkeit vorwerfen!

Ein Sicherheitsprotokoll dokumentiert zum Beispiel:

- Einhaltung von Flucht- und Rettungswegen
- Kontrolle der Offenheit von Fluchttüren
- Anwesenheit des vorgeschriebenen Personals
- Vorschriftsmäßige Einweisung des Personals
- Einhaltung aller Vorschriften bei der Technik
- Zulassung der Pyrotechnik

Haftung und Versicherungen

Bei Veranstaltungen muss das Thema Sicherheit für alle Beteiligten an oberster Stelle stehen. Damit im Falle eines Unfalls oder Schadens am Material das Haftungsrisiko für Ihr Unternehmen minimiert wird, muss bei jeder Veranstaltung neu bewertet werden, ob ein ausreichender Versicherungsschutz besteht.

Folgende Versicherungen sind dringend zu empfehlen:

1. **Veranstalterhaftpflicht**
   - Personenschäden
   - Sachschäden
   - Vermögensschäden
   - Leitungsschäden
   - Tätigkeitsschäden
   - Brand- und Explosionsschäden an gemieteten Gebäuden
   - Mietsachschäden

2. **Kurzfristige Elektronikversicherung**
   - Ton-, Licht-, Video- und AV-Equipment
   - Fahrlässigkeit, Vorsatz Dritter
   - Brand, Blitzschlag, Explosionen
   - Kurzschluss, Überspannung
   - Wasserschäden, Feuchtigkeit, Überschwemmung
   - Einbruch, Diebstahl, Raub, Plünderung, Sabotage
   - Höhere Gewalt
   - Konstruktions-, Material- oder Ausführungsfehler

Ob der Abschluss weiterer Versicherungen sinnvoll oder gar notwendig ist, muss im Einzelfall bewertet werden. Setzen Sie sich dazu unbedingt mit Fachleuten in der entsprechenden Abteilung zusammen. Optionale Versicherungen sind:

- **Kurzfristige Unfallversicherung für Teilnehmer** (kann bei internen Mitarbeiter-Events zum Tragen kommen, wenn die berufsgenossenschaftliche Unfallversicherung nicht ausreicht)
- **Kurzfristiger Auslandskrankenschutz**
- **Ausfallversicherung**

SICHERHEIT

Das Thema Sicherheit hat viele Facetten. Neben der Einhaltung baulicher Vorschriften und dem Abschluss von Versicherungen sollten Sie in Ihr Sicherheitskonzept auch die folgenden Aspekte integrieren:

- **Security:** Sicherheitspersonal verhindert ungebetene Veranstaltungsgäste. Zudem muss alles Material nachts während der Aufbauphase und bei mehrtägigen Veranstaltungen auch darüber hinaus bewacht werden.
- **Sanitätsdienste:** Das Vorhalten von Sanitätern mit entsprechendem Material und Räumlichkeiten ist oft Ermessenssache des Veranstalters und nicht zwingend vorgeschrieben. Es müssen aber auch nicht immer nur die großen, öffentlichen Veranstaltungen mit vielen tausend Teilnehmern sein, die einen Sanitätsdienst rechtfertigen. Auch ein Kunde kann sich bei einer kleinen, feinen

Veranstaltung auf der Tanzfläche verletzen, und natürlich macht es immer einen guten Eindruck, wenn sofort Hilfe am Mann ist!

- **Brandmeldeanlagen:** Noch ein Thema in diesem Zusammenhang sind die Rauchmelder des Veranstaltungsortes. Wenn Sie konzeptionell ein Saalfeuerwerk planen, werden Sie das nur dann umsetzen können, wenn die Rauchmelder in der Halle oder im Saal abgeschaltet werden können. Das ist logischerweise sicherheitsrelevant und muss gegebenenfalls durch eine Brandwache (Feuerwehr-Einsatzfahrzeug mit Einsatzkräften auf Stand-by) und zusätzliche Feuerlöscher kompensiert werden.
- **Durchsagen:** Besonders bei publikumsstarken Veranstaltungen im Freien ist die Möglichkeit, Durchsagen zu machen, sehr hilfreich. Auf Veranstaltungsgeländen wie Messen ist die dafür benötigte Technik meistens Standard.
- **Evakuierung:** Man redet nicht gerne über den Ernstfall, aber der kann eintreten. Wir erinnern uns alle an die furchtbaren Bilder aus Duisburg, wo im Jahr 2010 21 Menschen während einer Love Parade ums Leben kamen, weil eine Massenpanik ausgebrochen war und die Menschen nicht schnell und systematisch genug evakuiert wurden. Ich halte es deshalb immer für sinnvoll, bewusst das eine oder andere „Worst-Case-Szenario" durchzuspielen. Sie können dafür mit Fachleuten von Feuerwehr und Polizei entsprechende Pläne aufstellen und im Vorfeld alle notwendigen Vorkehrungen treffen.

Infrastruktur Gäste

Wichtig für Veranstaltungen ist, Menschen im Fluss zu halten und lange Wartezeiten zu vermeiden. Prüfen Sie also unbedingt die Kapazitäten von Toiletten und Garderobe sowie deren Ausstattung: Toilettenpapier, Seife, Handtücher, Garderobenständer, Kleiderbügel, Garderobenmarken, Beschilderungen.

Infrastruktur Backstage

Live-Bands und andere Künstler oder Künstlergruppen brauchen hinter der Bühne oder in Bühnennähe Räume, in denen sie sich aufhalten, umziehen, schminken und stylen können. Achten Sie also auf die Verfügbarkeit und die Ausstattung der Räume. Manchmal ist die Aufteilung nach Geschlechtern notwendig. Darüber hinaus haben Künstler oftmals besondere Wünsche, zu deren Erfüllung Sie sich laut Künstlervertrag verpflichten. Dazu gehören in der Hauptsache Künstler-Catering und eine Mindestausstattung der Garderobe mit Möbeln wie Tischen, Stühlen, Sofas und Spiegeln. Oft verlangen die Künstler auch die Möglichkeit, sich nach dem Auftritt noch vor Ort zu duschen.

Mein guter Rat: Richten Sie die Garderoben so ein, dass auch Sie sich darin wohlfühlen würden. Oftmals sind die Räume „abgerockt", dann helfen vorzeitiges Lüften, saubere Mietmöbel und ein wenig Dekoration wie zum Beispiel frische Blumen. Eine Obstschale, Kaffee und Softgetränke sowie kleine Häppchen sorgen bei der Ankunft der Künstler, die oft eine lange Reise hinter sich haben, für gute Laune. Und Sie wollen doch gut gelaunte Künstler auf der Bühne sehen, oder?

Infrastruktur Produktion

Sie selbst brauchen vor Ort auch einen Platz, an dem Sie sich während der Aufbauzeit und der Veranstaltung gemeinsam mit Ihrem Team aufhalten können, um zum Beispiel am Computer zu arbeiten oder um Besprechungen abzuhalten. Ich empfehle Ihnen die Einrichtung eines Produktionsbüros in der Nähe der Veranstaltungsfläche. Sie sollten den Raum mit einem großen Tisch und entsprechend vielen Stühlen ausstatten, einen Internetzugang organisieren sowie für die notwendige Computer-Hardware und einen Drucker sorgen. Darüber hinaus brauchen Sie das übliche Büromaterial wie Stifte, Blöcke, Druckerpapier, Toner, Locher, Tacker etc.

VIPs

Es gibt die Sorte VIPs, die sich einfach nur unter den Gästen aufhalten. Aber es gibt auch die Sorte VIPs, für die einige Dinge zu organisieren sind. Besonders wenn es sich zum Beispiel um VIPs aus dem eigenen Unternehmen handelt, wie Top Manager. Auch hochrangige Politiker oder Top-Kunden ziehen oft einen ganzen Rattenschwanz an Organisationsleistungen rund um ihre Person hinter sich her, auf die Sie sich einstellen müssen. Ich empfehle Ihnen, die folgenden Punkte proaktiv anzusprechen, weil sonst die Gefahr besteht, dass die Anforderungen sehr spät oder sogar erst vor Ort kurz vor der Veranstaltung an Sie herangetragen werden.

Die üblichen Dinge, die früher oder später zum Tragen kommen, sind:

- Rückzugsräume für Vier-Augen-Gespräche oder ungestörte Telefonate
- Meeting-Räume für isolierte Treffen weniger Personen
- Interview-Räume, die pressetauglich und entsprechend dekoriert sind
- Catering nach speziellen Wünschen in allen vorgenannten Räumlichkeiten
- Absprachen mit den Security-Teams der VIPs, die zum Beispiel eigene Bodyguards mitbringen
- Reservierung und Beschriftung von VIP-Plätzen im Publikum
- Eigene, spezielle Betreuung durch ausgewähltes Service-Personal
- VIP-Lounge
- Limousinen-Service, und falls es das eigene Fahrzeug der VIP ist, muss klargestellt sein, dass es direkt vor die Eingangstür fahren darf, sofern das baulich möglich ist
- Spezielle Transfers zum Beispiel vom Flughafen oder Hotel zum Veranstaltungsort und umgekehrt
- Sonderwünsche ganz gleich, welcher Art

Dokumentation

Jede Veranstaltung ist es wert, dass sie zumindest auf Fotos festgehalten und dokumentiert wird. Fotos und Videoaufnahmen dienen zum einen der Unternehmenskommunikation, um selbst zum Beispiel im Internet offiziell über das Event zu berichten, oder sie sind Bestandteil einer Pressemittelung.

Darüber hinaus sind solche Aufnahmen für Sie sehr hilfreich, wenn Sie ein Jahr später die gleiche Veranstaltung nochmals organisieren müssen. Dann haben Sie nochmals genau vor Augen, was beim letzten Mal wie umgesetzt wurde. Darüber hinaus sind Fotos eine gute Grundlage für Feedback-Gespräche, um Dinge, die gut oder schlecht gelaufen sind, nochmals anzuschauen und zu bewerten.

Sie sollten also in jedem Fall einen Fotografen buchen und je nach Relevanz und Größe der Veranstaltung zusätzlich ein Kamerateam.

Planung des Abbaus

Auch nach der Veranstaltung, wenn alle Gäste nach Hause oder ins Hotel gegangen sind, ist für das Event-Team noch nicht Schluss. Genauso wie der Aufbau ist auch der Abbau Bestandteil einer vollständigen Planung und Regiearbeit vor Ort. Definieren Sie von vornherein die exakten Abbauzeiten der einzelnen Gewerke, sonst können unangenehme Wartezeiten und Chaos entstehen. Wenn zum Beispiel der Mietmöbellieferant das Mobiliar nicht rechtzeitig von der Veranstaltungsfläche räumt, entsteht bei der Technikfraktion unnötigerweise Wartezeit, weil die darüberhängenden Traversen nicht heruntergelassen werden können.

Hintergrundmusik

Am besten legen Sie sich selbst auf einem iPod für den Notfall verschiedene Playlists für verschiedene Anlässe an. Dann sind sie immer ad hoc in der Lage, für passende Musik zu sorgen. Ihr Gerät kann ohne Weiteres ans Tonpult angeschlossen werden. Sollten Sie ein Mobiltelefon mit integriertem iPod verwenden, dann denken Sie unbedingt daran, vorher den Flugmodus zu aktivieren, sonst ist der Klingelton des nächsten eingehenden Anrufs in der ganzen Halle zu hören – peinlich!

Was Sie ebenfalls hier abspeichern sollten, ist ein Gong. Den braucht man zum Beispiel oft bei Tagungsveranstaltungen, um die Teilnehmer wieder dazu zu bewegen, nach einer Pause auf ihre Plätze zurückzukehren.

Crew Catering

Bei allem Ehrgeiz dürfen Sie sich physisch nicht überfordern. Damit das nicht passiert, müssen Sie für eine gute Ernährung während der oft langen und anstrengenden Tage vor Ort beim Aufbau, während der Veranstaltung oder der Abbauzeit sorgen. Ganz gleich, wie groß Ihr Team oder das Team der einzelnen Gewerke ist: Machen Sie sich Gedanken über ein Crew-Catering. Es gibt auch hierfür Spezialunternehmen, die für Show-Produktionen, Filmteams oder eben für Event-Crews kochen. Sicherlich ist das budgetseitig einzuplanen, aber auf der anderen Seite sparen Sie sich auch die Spesenabrechnungen der verpflegten Personen. Ein gemeinsames Essen fördert auch sehr die Gemeinschaft und den Team-Spirit. Hinzu kommt, dass viele Personen bis in die Nacht hinein arbeiten müssen und entsprechend dankbar und leistungsfähiger sind, wenn sie zwischendurch einen heißen Kaffee und wenigstens ein gut schmeckendes Baguette bekommen. Und noch einen Vorteil hat das Crew Catering vor Ort: Die Leute verlassen die Halle nicht, um sich eine Imbissbude oder Pizzeria zu suchen. Das hat die positive Folge, dass deren Pausenzeiten kürzer sind und Sie Ihre Ansprechpartner immer für ein Gespräch vor Ort vorfinden!

Morgens sind alle Beteiligten im Hotel verpflegt, Sie beauftragen also am besten ein warmes Mittagessen sowie ein warmes Abendessen und Snacks für zwischendurch sowie kalte und heiße Getränke. Wie erwähnt ist optional auch eine Nachtverpflegung sinnvoll. Schicken Sie eine Bedarfsliste an das Team, so dass Sie die Personenzahlen für die Mahlzeiten ermitteln können. Welche Gewerke und gegebenenfalls Kunden Sie einladen, bleibt Ihnen überlassen. Zumindest sollten Sie für die Verpflegung Ihres direkten Teams sorgen! Mein Tipp: Seien Sie nicht kleinlich, gemessen am Gesamtbudget sind Crew-Catering-Kosten zu vernachlässigen. Der positive Effekt einer guten Verpflegung vor Ort ist nicht mit Geld zu bezahlen!

Kommunikationstechnik

Die Tücken der Handynetze sind jedem bekannt. Es ist zudem umständlich und besonders im Ausland extrem teuer, für jedes Gespräch mit dem Kollegen, der gerade nicht im Raum ist, auf ein Telefon angewiesen zu sein. Mieten Sie also bei der Technik eine bestimmte Anzahl Funkgeräte für Ihren Gebrauch, und lassen Sie sich eine Ladestation, Headsets sowie Ersatz-Akkus in Ihr Produktionsbüro liefern. Die Standard-Motorola-Modelle haben eine Reichweite von über einem Kilometer, das heißt, auch an großen Orten wie zum Beispiel Messegeländen können Sie problemlos und ohne Mehrkosten kommunizieren.

Praktisch ist auch die Festlegung von Kanälen für bestimmte Personenkreise, die in einer an alle Gewerke verteilten Liste definiert sind. Somit können Sie einfach den Kanal wechseln und zum Beispiel den Ansprechpartner des Caterers erreichen – sofern der auch ein Funkgerät am Mann hat. Die Verteilung der Gewerke auf einzelne Kanäle sorgt für die Entlastung des allgemeinen Funkverkehrs pro Kanal. Ob Sie einem Kunden ein Funkgerät in die Hand drücken oder nicht, sollten Sie sich allerdings gut überlegen, denn er würde dann ganz sicher die eine oder andere Information aufschnappen, die nicht für ihn bestimmt ist.

DAS MOTIVIERENDE FAZIT

Ja, es ist eine Herausforderung an, alles zu denken! Und Sie werden oft genug scheitern! Jede Veranstaltung ist anders, immer wieder entstehen neue, nicht vorherzusehende Situationen, in denen Sie ein guter Event Manager sein müssen. Das bedeutet vor allem, mit gesundem Menschenverstand und pragmatisch für Lösungen an Stellen zu sorgen, an denen nicht an alles gedacht wurde. Es bedeutet auch, nicht den Überblick und die Ruhe zu verlieren.

Versuchen Sie, in der Vorbereitungszeit bei allen organisatorischen Dingen sehr vorausschauend zu denken und zu agieren. Beherzigen Sie meine Tipps für die vielen kleinen Dinge am Rande und für solche Dinge, die sich schnell zu großen, sehr ernsten Problemen entwickeln, wenn Sie nicht früh genug und konsequent in der Umsetzung angegangen werden.

Alleine die Einstellung, immer wieder zu hinterfragen, was auf der Strecke geblieben sein könnte, wird Sie dem Meistern dieser großen Herausforderung ein gutes Stück näherbringen: wirklich an alles früh genug zu denken!

Was Sie über die Erfolgskontrolle und die Zeit nach Ihrer Veranstaltung wissen sollten

- **Irrtum 10: „Unsere Veranstaltung war ein voller Erfolg!"**

  Event Marketing ist in vielen Unternehmen zum festen Bestandteil der Kommunikationsarbeit geworden. Dementsprechend werden Ausgaben getätigt, deren Höhe und Nutzen überprüft werden müssen. Ob eine Veranstaltung ein voller Erfolg war oder nicht, darf also nicht nur davon abhängig gemacht werden, wie zufrieden eine Handvoll Gäste mit Location, Essen und Entertainment waren, kurz bevor sie ihren Heimweg antreten. Diese Einschätzung ist zu subjektiv und beeinflusst von aktueller Euphorie unter dem noch frischen emotionalen Eindruck der Veranstaltung. Eine professionelle Erfolgskontrolle muss einen Schritt weitergehen und sich an den eingangs gesteckten Zielen orientieren.

  Ist der Erfolg der Veranstaltung ermittelt, kann sich auch eine Zielverfehlung an einer oder gar allen Messgrößen ergeben. Bleibt die Frage, zu welchen Konsequenzen das führt und wie Sie eine Verbesserung sicherstellen können.

- **Irrtum 11: „Jetzt bin ich ein Event Manager!"**

  Auf dem Weg zum erfahrenen Event Manager brauchen Sie Projekte. Viele unterschiedliche Projekte, die Ihnen idealerweise in kurzer Zeit zu einem großen Erfahrungsschatz verhelfen. Der erste erfolgreiche Projektabschluss macht Sie noch nicht zum Event Manager, aber er ist ein motivierender Einstieg in einen vielseitigen und anspruchsvollen Beruf. Ein Event Manager darf alles sein, aber kein Fan der Theorie. Die Relevanz des Tuns, des Pragmatismus und der Drang, raus aus dem Büro und hinein in die Veranstaltung zu gehen, sind die Tugenden des Lernens.

IRRTUM 10: „UNSERE VERANSTALTUNG WAR EIN VOLLER ERFOLG!“

Was bringen uns Events eigentlich? Verkaufen wir dadurch mehr Produkte? Woher wissen wir, ob die Veranstaltung unseren Kunden gefallen hat? Fragen wie diese muss sich jeder Event Manager gefallen lassen und aus Unternehmenssicht sind diese Fragen vollkommen legitim und auch richtig gestellt. Es bleibt dabei allerdings die Frage, bei welchen Marketing-Maßnahmen sich die genannten Fragen überhaupt mit Sicherheit beantworten lassen!

Erfolg ist nicht gleich Erfolg. Das ist die wichtigste Erkenntnis, um eine aussagekräftige Erfolgskontrolle aufzubauen. Damit ist gemeint, dass ein organisatorischer Erfolg zwar zu einer pannenfreien Veranstaltung geführt haben kann, allerdings dieser Erfolg nichts mit dem Erfolg oder dem Nutzen der Veranstaltung für das Unternehmen zu tun hat. Wer also Event Marketing betreibt, um Ziele für das Unternehmen zu erreichen, muss versuchen, das Veranstaltungsergebnis im Hinblick auf diese Ziele messbar zu machen. Und leider ist das oft viel schwieriger zu realisieren, als so mancher Geschäftsleitung lieb ist! Der Grund ist einfach: Es existieren keine sofort einsetzbaren Messinstrumente oder Messmethoden. Hinzu kommt, dass quantitative Erfolgsfaktoren viel leichter zu messen sind als qualitative Erfolgsfaktoren, bei denen es in erster Linie um Emotionalisierung, Aktivierung oder Markenbildung geht.

Es gibt auch Veranstaltungen, bei denen der Erfolg leicht zu messen ist und bei denen Erfolg oder Misserfolg schnell offensichtlich wird. Das sind in erster Linie Veranstaltungen, bei denen es um die Generierung von Kontakten oder Einnahmen geht. Messestände zum Beispiel werden im B2B-Bereich mit dem Ziel der Kontaktsammlung zu potentiellen Neukunden gebaut. Im B2C-Bereich kommen Faktoren wie Steigerung der Bekanntheit oder die Markenbildung hinzu. Diese Faktoren sind aber qualitativer Natur und damit wieder schwer zu messen. Kontakte hingegen können leicht gemessen werden, wenn am Messestand entsprechende Dokumentationssysteme eingesetzt werden. Somit ist es ein Leichtes, nach der Messe die gesammelten Kontakte anhand der Gesprächsprotokolle zu analysieren und mit den Zielwerten zu vergleichen.

Gleiches gilt für Veranstaltungen, bei denen die Hauptzielsetzung darin besteht, Einnahmen zu generieren. Das ist zum Beispiel bei Konzertveranstaltungen der

Fall, bei denen Geld über den Ticketverkauf eingenommen werden soll. Hier stehen einfache wirtschaftliche Überlegungen und Modelle im Vordergrund – entsprechend leicht ist es, eine Bewertung über den Erfolg und den Nutzen der Veranstaltung aufzustellen. Gleiches gilt für Spendenveranstaltungen, die logischerweise hauptsächlich aus dem Grund der Spendengenerierung durchgeführt werden. Auch hier ist der Erfolg der Veranstaltung leicht an den geleisteten Spenden des Abends festzumachen.

Es mag darüber hinaus auch Veranstaltungen geben, bei denen der direkte Abverkauf von Waren primäres Ziel ist. Vorstellbar ist das zum Beispiel bei Fahrzeugpräsentationen im Fahrzeughandel, also direkt im Autohaus. Besonders bei hochwertigen A-Kunden-Events, zu denen potentielle Käufer eines neuen Topmodells eingeladen werden, spielt die Anzahl an Bestellungen während oder kurz danach sicherlich eine zentrale Rolle bei der Ermittlung und der Bewertung des Erfolgs.

Quantitative Ziele wie Teilnehmerzahlen, Kontakte, Einnahmen oder Verkaufszahlen können also leicht gemessen und in Relation zur Ursprungszielsetzung gestellt werden. Hierfür ist lediglich wichtig, die Rahmenbedingungen für das zuverlässige Erfassen der Daten zu schaffen. Wie wollen Sie die Teilnehmerzahl am nächsten Tag beurteilen, wenn niemand gezählt oder die abgegebenen Eintrittskarten aufbewahrt hat?

Ganz anders sieht es bei der Messung und Bewertung des Erfolgs für die qualitativen Ziele aus. Wie soll man die neue Motivationslage der Belegschaft nach dem Mitarbeiter-Event messen? Es kann schon ungeheuer beeindruckend sein, wenn hunderte oder gar tausende Mitarbeiter im Chor den auf der Bühne live performten Unternehmenssong singen! Doch wie nachhaltig ist die Wirkung tatsächlich? Ist es nur der Gemeinschaftseffekt des über alle Maßen emotionalen Moments, der sich morgen im Arbeitsalltag schnell wieder verflüchtigt hat?

Unterschiedliche Agenturen und forschende Institutionen haben in der Vergangenheit immer wieder versucht, Bewertungssysteme zur Erfolgsmessung zu definieren und zu standardisieren. Durchgesetzt hat sich keine dieser Methoden, was man daran erkennt, dass das Thema Erfolgskontrolle aus meiner Erfahrung für die meisten Unternehmen kein Thema ist! Das ist natürlich nicht der richtige Ansatz, nur leider merkt man spätestens bei der Diskussion entsprechender Kosten für eine systematische Erfolgsmessung – sofern sie möglich ist – dass die Bereitschaft zur Investition eher verhalten ist!

Neben allen quantitativen Zielen, deren Erreichung durch entsprechende Kennzahlen gemessen werden kann, muss die Erreichung der quantitativen Ziele durch Befragung gemessen werden. Ironischerweise ist das immer noch die effektivste und sicherste Methode, um überhaupt an verwertbare Informationen zu kommen, die am Ende den Titel „Erfolgsmessung“ auch verdienen. Immerhin sind wir im Bereich der Live-Kommunikation unterwegs, und was könnte hier näherliegen als der Dialog?

Erfolgskriterien

Folgende Kriterien sind für den Erfolg einer Veranstaltung anzusetzen:

- **Konzeptebene**
  - Stimmigkeit der inhaltlichen Konzepte
  - Zielgruppenfokussierung
  - Zielgruppenansprache
  - Integration in die übergeordnete Kommunikationspolitik
- **Markenebene**
  - Originalität
  - Innovativität
  - Exklusivität
  - Differenzierung gegenüber dem Wettbewerb
- **Planungsebene**
  - Professionalität der operativen Planung und Vorbereitung
  - Auswahl der Location und Event-Dienstleister
  - Organisatorische Vorbereitung des Ablaufs
  - Mediale Vorbereitung

- **Realisierungsebene**
  - Professionalität der Umsetzung
  - Organisatorische und technische Realisierung von z. B. Tontechnik, Lichttechnik, Multimedia, Catering etc.
- **Aktivierungsebene**
  - Teilnehmerzahl, Response
  - Einnahmen
  - Ausnutzen des zielgruppenspezifischen Attraktivitätspotentials
  - Emotionale Ansprache
  - Dialogorientierung
  - Erreichen sozialer Interaktionen
- **Kommunikationsebene**
  - Klare Erkennbarkeit der Botschaft
  - Umsetzung der Unternehmens- und Markenbotschaft auf der aktiven Erlebnisebene, langfristige Gedächtniswirkung bei unmittelbaren Teilnehmern
  - Mediale Breitenwirkung bei der gesamten Zielgruppe
  - Grad der öffentlichen Berichterstattung

Selbsteinschätzung und Fremdeinschätzung

Einige der genannten Kriterien können Sie mit internen Veranstaltungsteilnehmern besprechen, um ein erstes Feedback aus den eigenen Reihen zu bekommen. Das fällt meist kritischer und differenzierter aus als die Lobeshymne des Managements, dem „es gut gefallen hat". Darüber hinaus sollten auch Sie selbst dokumentieren, an welchen Stellen Sie zufrieden und an welchen Stellen Sie unzufrieden mit dem Ergebnis sind und ein Verbesserungspotential erkennen. Zur Selbsteinschätzung durch Sie und Ihr Unternehmen muss aber die Fremdeinschätzung von externen Veranstaltungsteilnehmern – sofern solche anwesend waren – hinzukommen, denn Ihre Veranstaltung wurde nicht zum Selbstzweck durchgeführt.

Die Erfolgsmessung kann je nach Budget und ressourcenseitigen Möglichkeiten folgendermaßen durch Befragung durchgeführt werden:

1. Interviews während der Veranstaltung, direkt im Anschluss oder nachgelagert
2. Standardisierter Befragungsbogen, der während der Veranstaltung zur freiwilligen Bearbeitung ausgeteilt und eingesammelt wird
3. Postalische Befragung mittels standardisiertem Befragungsbogen, der im Anschluss an die Veranstaltung versendet wird
4. Einsatz eines Online-Tools. Zum Beispiel kann ein Link mit der Bitte um Feedback an alle Gäste verschickt werden, sofern Sie über die E-Mail-Adressen verfügen. Der Vorteil des Online-Tools ist die schnelle, automatische Auswertung durch die Datenerfassung in einer Datenbank.

Um eine hohe Beteiligung bei der Befragung zu erreichen, müssen Sie auch darüber nachdenken, eine Beteiligung entsprechend mit einem kleinen Geschenk zu belohnen. Berücksichtigen Sie aber bei der Bewertung der Befragungsergebnisse, dass die Probanden aufgrund des Geschenks aus Höflichkeit tendenziell positiver antworten.

Vorgehensweise bei der Erfolgsmessung

Was wird gefragt?

Alles, was Sie den aufgeführten Kriterien entnehmen können, und denkbare Aspekte darüber hinaus können in die Befragung einfließen. Halten Sie sich auf jeden Fall kurz, niemand möchte während oder nach der Veranstaltung seitenweise Befragungsbögen „durchackern". Ein einfaches Bewertungssystem nach Schulnoten ist gelernt und schneller zu bearbeiten als offen gestellte Fragen, deren individuelle Antworten vom Befragten aufgeschrieben werden müssen.

Wer wird befragt?

Grundsätzlich kommen alle Veranstaltungsteilnehmer für die Befragung in Betracht. Teilzielgruppen wie VIPs oder interne Mitarbeiter werden aber oftmals sinnvollerweise nicht befragt, denn es kommt bei Kundenveranstaltungen in erster Linie auf deren Meinung und Sichtweise an.

Sie müssen gemessen an der Gesamtheit aller Teilnehmer festlegen, wie viel Prozent sie mindestens befragen müssen, um ein repräsentatives Ergebnis zu erhalten. Ich halte den Zielwert von 20 Prozent bereits für ausreichend. Das können bei großen Veranstaltungen natürlich mengenmäßig immer noch zu viele Personen sein, dann muss im Einzelfall abgewogen werden.

Wann soll befragt werden?

Wie bereits erwähnt kann die Befragung während, im Anschluss und im Nachgang der Veranstaltung durchgeführt werden. Eine Befragung im Nachgang ist besonders im Hinblick auf die Nachhaltigkeit wertvoll. An welche Botschaften oder Produkteigenschaften kann sich der Teilnehmer zum Beispiel noch erinnern? Was ist ihm in besonders positiver Erinnerung geblieben?

Der nachgelagerte Eindruck wird im qualitativen Ergebnis nicht mit einer Befragung während der Veranstaltung oder im direkten Anschluss vergleichbar sein, denn die Gäste sind entsprechend positiv emotionalisiert. Wichtig ist aber, hinter alle Euphorie zu blicken, denn jede Veranstaltung ist irgendwann einmal vorbei, und dann lassen auch die positivsten Gefühle wieder nach.

Aber auch umgekehrt können negativ wahrgenommene Veranstaltungen mit der Zeit ihren „Schrecken" verlieren – umso positiver fällt das Ergebnis bei einer nachgelagerten Befragung aus und ist damit qualitativ auch zweifelhaft.

Umgang mit den Befragungsergebnissen

Das schriftliche oder elektronische Befragungsergebnis muss im ersten Schritt teils erfasst und anschießend ausgewertet werden. Die Erfolgsmessung muss aber über eine rein statistische Messung hinausgehen – ganz gleich, wie positiv oder wie negativ sie ausfällt. Zahlen alleine spiegeln noch keinen Grund für ein positives Ergebnis wider und liefern auch keine Ursachen für schlechte Bewertungen.

Wenn Sie sich also offen und ehrlich mit den Bewertungsergebnissen auseinandersetzen, werden Sie Handlungsfelder für die Zukunft identifizieren können. Hier muss auch die interne Bewertung der Veranstaltung einfließen, denn auch aus internem Lob oder aus Kritik müssen Handlungsfelder abgeleitet werden. Hier spielen Dinge eine Rolle, die für die Veranstaltungsgäste gar kein Thema bei der Befragung waren. Zum Beispiel der Umgang mit Ressourcen oder Budget sowie Freigabe- und Kommunikationsprozesse. Hier werden meist die interne Zusammenarbeit im Team und die Kooperation über die Abteilungsgrenzen hinaus mit dem Einkauf oder anderen Fachabteilungen bewertet.

Neben der Auswertung von Befragungen und Feedback-Gesprächen ist die rein kaufmännische Nachbetrachtung ein wesentlicher Bestandteil der Erfolgsmessung. Sie wurden irgendwann einmal vor Wochen oder Monaten mit einem bestimmten Budget begonnen, und jetzt muss sich, nachdem alle Rechnungen bearbeitet wurden, zeigen, ob Sie das Budget auch eingehalten haben.

Eine wirtschaftliche Betrachtung von internen Ressourcen ist in diesem Zusammenhang genauso wichtig wie der isolierte Blick auf die Zahlen in den Kostenstellen, denn auch Ihre Arbeitszeit und die Ihres Teams kostet Geld. Am Grad des eigenen, notwendig gewordenen Ressourcen-Einsatzes können in Zukunft zum Beispiel Outsourcing-Pläne von Konzeptions- oder Organisationsleistungen leichter und einleuchtender begründen.

Das motivierende Fazit

Wenn Sie die Vorgehensweise zur Erfolgsmessung beherzigen, erhalten Sie ein sehr differenziertes Bild über Ihre Veranstaltung und den Erfolg. Haben Sie den Mut, der Wahrheit ins Auge zu blicken – auch wenn sie einmal unangenehm ist. Dabei muss Ihre Motivation immer sein, beim nächsten Mal wieder ein bisschen besser zu sein. Wenn Sie die Dinge, die gut gelaufen sind, und die Dinge, die verbesserungswürdig waren, nicht dokumentieren, beschreiben und mit konkreten Maßnahmen versehen, nehmen Sie sich schnell die Chance auf ein besseres Ergebnis bei der nächsten Veranstaltung, die vielleicht erst in einem Jahr stattfindet.

Und wer sagt schon, dass es Kritik geben wird? Gut, wenn Sie seitens der Teilnehmer oder der Gäste durch deren Feedback direkt oder indirekt für Ihre Arbeit gelobt werden – ich wünsche es Ihnen! Das sind im Berufsleben eines Event Managers sehr befriedigende Momente, in denen man versteht, wofür die harten Wochen zuvor eigentlich gut waren!

Wenn Sie die [illegible]

[illegible] Wiederaufnahme [illegible] [illegible]

Irrtum 11: „Jetzt bin ich ein Event Manager!"

Ich hoffe, Sie werden viele großartige Veranstaltungen realisieren, erfolgreiche Events mit großem Showprogramm und jeder Menge bekannter Persönlichkeiten im Publikum oder auf der Bühne! Ich wünsche Ihnen erfolgreiche Mitarbeiter-Veranstaltungen, bei denen alle auf den Tischen tanzen und Ihnen noch Jahre später bestätigen, dass es nie wieder so gut war wie bei der Veranstaltung, die Sie persönlich organisiert haben. Ich wünsche Ihnen viele Gespräche mit Gästen, die Ihnen wertvolle Verbesserungstipps geben oder Sie loben – auch vor Ihrem Chef! Ich wünsche Ihnen Abenteuer am Ende der Welt beim Vertriebs-Incentive, das Sie organisiert haben und das Sie und Ihr Team das ganze Leben lang nicht mehr vergessen werden. Ich wünsche Ihnen sowohl die kleinen, feinen Galaveranstaltungen als auch gigantische Familientage mit tausenden Besuchern.

Und ich wünsche Ihnen viele Momente der Reflexion, wenn die Show vorbei ist und Sie in Ruhe alleine oder mit einem lieb gewonnenen Kollegen ein leckeres, kaltes Bier hinter der Bühne trinken können – oder ein Glas Champagner. Das sind die Momente, in denen Sie stolz auf Ihr Werk schauen können, es hören, fühlen, riechen, und es wird Ihnen Genugtuung verschaffen!

Wenn Sie noch am Anfang Ihrer Karriere als Event Manager stehen, dann haben Sie das alles vor sich, dann werden Sie sich auf den Weg machen, sich jede einzelne Facette des so spannenden und abwechslungsreichen, aber auch nervenaufreibenden und anstrengenden Event Management zu erobern.

Ich möchte noch einmal bewusst die Frage stellen, wie man zu einem erfolgreichen Event Manager wird. Ich selbst übe diesen Beruf nun seit annähernd 20 Jahren aus und kann längst nicht von mir behaupten, alles zu können, alles schon gemacht zu haben, alles zu wissen! Sicher gehöre ich zu einem Kreis, den man (leider) schon als die „alten Hasen" bezeichnet, aber bekanntermaßen macht Event Management nicht jünger!

Rückblickend würde ich sagen, dass eine Karriere im Event Management ohne ein ausgesprochenes Organisationstalent und eine gute Portion gesunden Menschenverstand nicht möglich ist. Es geht nicht ohne Grund mehr um das Event Management als um das Event Marketing, wenn Sie operativ Events realisieren wollen. Selbstverständlich tut Ihnen ein hohes Kreativitätspotential gut – wenn Sie Konzepte entwickeln, aber auch, wenn Sie Probleme lösen müssen. Von Beidem gibt es genug, wenn Sie dem Event Business treu bleiben!

Darüber hinaus schätze ich an guten Event Managern eine solide kaufmännische Ausbildung und Erfahrung im Umgang mit großen Budgets. Man darf eines nicht vergessen: Veranstaltungen kosten viel Geld, und jedes Budget ist endlich. Wer sich hier verkalkuliert, bringt nicht nur das gesamte Projekt, sondern auch seine eigene Position in Gefahr!

Aber: Wer viel Verantwortung trägt – ob für das Budget, für die Gäste des Abends oder für die vielen Gewerke, die wie 100 Rädchen eines Uhrwerks funktionieren müssen, der muss diese Verantwortung auch tragen wollen. Längst nicht jeder möchte oder kann sie tragen. Ich habe so manchen Event Manager an der Last der Verantwortung oder an der Komplexität seiner Aufgaben scheitern sehen!

Alles und viel auf einmal zu bewältigen und dabei den Überblick zu behalten, ist eine Frage von Erfahrung, von persönlicher Reife, von Routine und Wissen sowie eine Sache des Selbstmanagements. Hier müssen und werden Sie viel über sich selbst lernen, denn Sie werden das eine oder andere Mal sicherlich an Ihre geistigen und körperlichen Grenzen kommen. Seit einem schweren Autounfall nach durchgearbeiteter Nacht, bei dem glücklicherweise niemand ernsthaft zu Schaden kam, weiß ich um die Existenz von körperlichen Grenzen im Job.

Ein Projekt erfolgreich zu managen, heißt, ein Team gut zu managen. Dass man sich hier Respekt mit Härte verschafft, ist ein Trugschluss, wenngleich Sie ein ausgeprägtes Durchsetzungsvermögen brauchen. Wichtig sind ein Gespür und die Leidenschaft für gute Teamkommunikation, um zu informieren, zu integrieren und zu motivieren. Sie sind auf ein funktionierendes und auf ein engagiertes Team angewiesen, denn alleine können Sie die Aufgaben nicht bewältigen. Mal sind Sie der Vorgesetzte, mal der Diplomat, und mal haben sie den Schwarzen Peter. Mal sind Sie der Konzeptkönig und dann wieder der Depp vom Dienst. Mal sind Sie der Obermotivator und mal der Seelenklempner, aber hoffentlich immer Teamplayer und Fels in der Brandung.

Als Event Manager müssen Sie wandlungsfähig und flexibel sein, denn jeden Tag kommen neue Situationen auf Sie zu, immer gibt es neue Probleme zu bewältigen, von denen Sie gestern nichts geahnt haben. Ob Budgetkürzung oder fehlende

Freigaben, ob Technikausfall oder versalzenes Catering. Aber besonders diese vielen kleinen und großen Baustellen sind das, was einem Event Manager Spaß macht, denn er will zeigen, was er kann. Er braucht keine linearen Projekte, die am Schreibtisch bearbeitet werden, sondern das physische Event-Erlebnis!

Sie werden bestimmt bald schon Ihr erstes oder Ihr nächstes Event organisieren und es im Team zum Erfolg führen! Ich hoffe, dieses Buch hat Ihnen viele Anregungen gegeben, Sie mit Ideen und Methoden versorgt, um Ihre Arbeit noch ein Stück besser zu machen. Ich hoffe, ich konnte Sie mit dem Transport meines Wissens vor dem einen oder anderen Fehltritt bewahren, den ich selbst aus Unwissenheit gemacht habe. Nicht jede Erfahrung muss zwingend gemacht werden, und manches Wasser, in das man geworfen wird, ist einfach zu kalt, um darin gut schwimmen zu können!

In diesem Sinne wünsche ich Ihnen viel Spaß und Erfolg im Event Marketing und Ihrem ganz persönlichen Event Management!

Herzlichst,

Ihr Hendrik Wolber

Literatur

Buß, Eugen/Fink-Heuberger, Ulrike (2000). Image-Management: Wie Sie Ihr Image-Kapital erhöhen! Frankfurt a. M.: FAZ-Inst. für Management-, Markt- und Medieninformationen.

Constant Contact/Hubspot (2011). Fascinating Event Marketing Stats. http://de.slideshare.net/HubSpot/fascinating-event-marketing-stats?from_search=2. Zugegriffen am: 7. August 2013.

Dams, Vok/Dams, Colja M. (2008). Code rouge: Gesetze des Erfolgs für Events und Live-Marketing. Frankfurt a. M.: Frankfurter Allg. Buch.

OWN/McKinsey (2012). Kommunikation effektiv managen. Eine Studie zur Zukunft des Media- und Kommunikationsmanagements in Unternehmen. http://www.owm.de/fileadmin/dokumente/public/downloads/publikationen/Kommunikation%20effektiv%20managen.pdf. Zugegriffen am: 29. Juli 2013.

Schäfer-Mehdi, Stephan (2006). Event-Marketing: Kommunikationsstrategie, Konzeption und Umsetzung, Dramaturgie und Inszenierung. Berlin: Cornelsen.

Statista (2012). Gesamtausgaben für Marketing-Events in Deutschland im Jahr 2010 und 2011 und Prognose bis 2014 (in Milliarden Euro). http://de.statista.com/statistik/daten/studie/221703/umfrage/gesamtausgaben-fuer-marketing-events-in-deutschland. Zugegriffen am: 29. Juli 2013.

Statista (2013a). Anteil der Marketingfachleute, die folgende Kommunikationsmaßnahmen als effizient einschätzen. http://de.statista.com/statistik/daten/studie/192671/umfrage/effiziente-kommunikationsmassnahmen-im-marketing-mix. Zugegriffen am: 29. Juli 2013.

Statista (2013b). Beurteilung der Kriterien für Zusammenarbeit mit Kommunikations- und Werbeagenturen durch Kunden (Stand: 2009). http://de.statista.com/statistik/daten/studie/74670/umfrage/kriterien-fuer-zusammenarbeit-mit-kommunikations--und-werbeagenturen-in-2009. Zugegriffen am: 7. August 2013.

Statista (2013c). Jahresbruttogehalt von Eventmanagern in Deutschland im Jahr 2011 nach Unternehmensgröße. http://de.statista.com/statistik/daten/studie/246164/umfrage/gehalt-von-eventmanagern-nach-unternehmensgroesse. Zugegriffen am: 29. Juli 2013.

Waetke, Thomas (2012). Rechtshandbuch der Veranstaltungspraxis. Karlsruhe: eventfaq.

Der Autor

Hendrik Wolber ist Marketingspezialist und Autor. Der gebürtige Solinger legte 1994 den Grundstein seiner Karriere in der Kommunikationsbranche, indem er in einer der in Deutschland führenden Agenturen für Event-Marketing und Live Kommunikation VOK DAMS seine werbekaufmännische Ausbildung absolvierte. Seitdem war er als leitender PR- und Event Manager in unterschiedlichen Agenturen und auf Industrieseite für die Konzeption und Realisation unzähliger Marketing-Events und Veranstaltungen sowie für unterschiedlichste Kommunikationsprojekte verantwortlich.

Sein großer Erfahrungsschatz macht ihn heute bei seinen Kunden aus der internationalen Wirtschaft zu einem gefragten Berater in allen Fragen interner und externer Unternehmenskommunikation. Heute lebt er in Hamburg und ist Vorstandsmitglied der sxces Communication AG, einer weltweit agierenden Agentur für Beratung und Unternehmenskommunikation.

